Dorothea Bahns
Christoph Schweigert

Softwarepraktikum –
Analysis und
Lineare Algebra

Aus dem Programm
Mathematik

vieweg

Dorothea Bahns
Christoph Schweigert

Softwarepraktikum – Analysis und Lineare Algebra

Ein MAPLE-Arbeitsbuch mit Beispielen und Lösungen

vieweg

Bibliografische Information Der Deutschen Nationalbibliothek
Die Deutsche Nationalbibliothek verzeichnet diese Publikation in der
Deutschen Nationalbibliografie; detaillierte bibliografische Daten sind im Internet
über <http://dnb.d-nb.de> abrufbar.

Prof. Dr. Dorothea Bahns
Universität Hamburg
Department Mathematik
Bundesstraße 55
20146 Hamburg

bahns@math.uni-hamburg.de

Prof. Dr. Christoph Schweigert
Universität Hamburg
Department Mathematik
Bundesstraße 55
20146 Hamburg

schweigert@math.uni-hamburg.de

1. Auflage 2008

Alle Rechte vorbehalten
© Friedr. Vieweg & Sohn Verlag | GWV Fachverlage GmbH, Wiesbaden 2008

Lektorat: Ulrike Schmickler-Hirzebruch | Susanne Jahnel

Der Vieweg Verlag ist ein Unternehmen von Springer Science+Business Media.
www.vieweg.de

Umschlaggestaltung: Ulrike Weigel, www.CorporateDesignGroup.de
Druck und buchbinderische Verarbeitung: MercedesDruck, Berlin
Gedruckt auf säurefreiem und chlorfrei gebleichtem Papier
Printed in Germany

ISBN 978-3-8348-0370-2

Vorwort

Software-Systeme sind heute ein Standardwerkzeug für den Umgang mit mathematischen Fragestellungen in allen mathematisch-technisch-naturwissenschaftlichen Berufen. In der Praxis kommen dabei häufig Vielzweck-Systeme wie etwa Maple, Mathematica oder MuPAD zum Einsatz, die symbolisches und numerisches Rechnen sowie graphische Methoden zur Visualisierung bereitstellen.

Zu Recht spielen diese Systeme daher auch in der Mathematik-ausbildung eine immer größere Rolle, zumal anhand solcher Systeme in einfacher Weise sowohl anwendungsbezogene Fertigkeiten entwickelt werden können als auch das Verständnis mathematischer Zusammenhänge durch die Beschäftigung mit konkreten Beispielen vertieft werden kann. Eine frühzeitige Auseinandersetzung mit elementaren Aspekten der Computeralgebra erscheint uns daher für Studierende mathematischer, natur- und ingenieurwissenschaftlicher Fächer, insbesondere auch für Studierende in Lehramtsstudien-gängen, als sinnvolle Ergänzung der mathematischen Grund-ausbildung im ersten und zweiten Studienjahr. Ein solches Konzept trägt auch der Forderung Rechnung, in den neuen, gestuften Studiengängen frühzeitig anwendungsbezogene Inhalte zu bieten, ohne dass dies zu Lasten der gründlichen wissenschaftlichen Beschäftigung mit den mathematischen Studieninhalten geschieht.

Wie die Erfahrung zeigt, verläuft der Prozess des Lernens und Verstehens auch von Mathematik in mehreren Stufen und sollte nicht aufgrund des Absolvierens einer Modulabschlussprüfung als abgeschlossen angesehen werden. Gerade weil der Stoff des ersten Studienjahres in den neuen Studiengängen oft komprimiert dargestellt werden muss, ist es unabdingbar, diesen noch einmal zu konkretisieren und zu vertiefen. Dies wird dann besonders gut gelingen, wenn es sich nicht um reine Wiederholung handelt, sondern ein neuer, weiterführender Aspekt hinzutritt: Im vorliegenden Buch soll der Leser dazu angeregt werden, sich mithilfe des Computers selbständig mit den mathematischen Objekten zu beschäftigen.

Das Buch ist entstanden aus einer gleichnamigen Lehrveranstaltung für das zweite Studienjahr, die an der Universität Hamburg für

Studierende in den mathematischen Bachelor-Studiengängen sowie für das höhere Lehramt angeboten wird. Die Veranstaltung steht auch Nebenfachstudenten, insbesondere aus der Physik, offen.

Ziel des Buches ist eine elementare Einführung in ein verbreitetes Software-System, die die prinzipiellen Möglichkeiten solcher Systeme deutlich macht und die die Leser anregt, sich erneut mit dem Stoff der mathematischen Grundvorlesungen in konkreten Anwendungen auseinanderzusetzen. Es soll und kann die Ausbildung in der Numerischen Mathematik, der Computeralgebra oder der Programmierung nicht vorwegnehmen oder gar ersetzen. Umgekehrt werden keine Vorkenntnisse in Numerik oder im Programmieren erwartet.

Kenntnisse des üblicherweise in den Vorlesungen zur Analysis und Linearen Algebra behandelten Stoffs werden jedoch vorausgesetzt, und wir möchten durch Verweise auf gängige Lehrbücher den Leser dazu bringen, diese – in der Regel nochmals – unter einem veränderten Blickwinkel anzusehen. Das Buch ist also kein Repetitorium oder Lehrbuch zur Erarbeitung des Grundstoffs in anderer Form.

Unser Dank gilt allen, die uns durch Anregungen und Hinweise unterstützt haben, insbesondere Christian Curilla, Birgit Richter, Urs Schreiber, Petra Ullmann und Konrad Waldorf.

Wir wünschen dem Leser zweierlei:

Freude daran, sich unter einem neuen Blickwinkel noch einmal mit der Mathematik des ersten Studienjahres zu befassen.

Freude an den Möglichkeiten, wie sie ein Computeralgebra-System wie MAPLE bietet, konkret mit mathematischen Objekten umzugehen.

Hamburg, im August 2007

Dorothea Bahns
Christoph Schweigert

Wie man dieses Buch benutzt

Hinweise für Studierende

Mit diesem Buch sollen Sie sowohl Mathematik des ersten Studienjahrs vertiefen als auch das Software-Paket MAPLE kennen lernen. Für den ersten Zweck ist es wichtig, dass Sie sich die mathematischen Inhalte klar machen und diese eigenständig wiederholen, bevor Sie Aufgaben mithilfe von MAPLE bearbeiten. Dabei sollen Ihnen die mathematischen Stichworte und die einleitenden Fragen an den Kapitelanfängen helfen, die in der Regel ohne Einsatz von MAPLE zu bearbeiten sind. Bearbeiten Sie dann die ersten Aufgaben mit MAPLE, aber zögern Sie nicht, danach nochmals Ihre Antworten auf die Eingangsfragen zu überprüfen. Bei den Fragen kann übrigens mehr als eine Antwort richtig sein. Lösungshinweise zu ausgewählten Fragen finden Sie am Ende des Buches; diese können auch die Form eines Verweises auf ein gängiges Lehrbuch haben. Für einige Aufgaben werden auch kleinere MAPLE-Programme angegeben. Benutzen Sie zur Wiederholung Ihre Mitschrift der Vorlesungen Analysis I und II sowie Lineare Algebra I und II bzw. die Lehrbücher, die Sie im ersten Studienjahr schon benutzt haben. Diese Materialien sollten Sie bei der Arbeit mit diesem Buch immer griffbereit haben. Standardliteratur, auf die wir uns öfter beziehen, sind die drei Bände:

- G. Fischer, Lineare Algebra, 14. Auflage, Vieweg, 2003.
- O. Forster, Analysis 1, 8. Auflage, Vieweg, 2006,
  und Analysis 2, 7. Auflage, Vieweg, 2006.

Natürlich können und sollen Sie auch andere Lehrbücher verwenden; auch im Buch wird hin und wieder auf andere Bücher Bezug genommen. An den entsprechenden Stellen geben wir dann die genaue Referenz an.

Einen Überblick über den behandelten Stoff bekommen Sie am schnellsten, indem Sie das Inhaltsverzeichnis durchsehen. Hier wollen wir nur darauf hinweisen, dass das erste Kapitel eine allgemeine

Einführung in MAPLE und das dritte Kapitel eine Einführung in die Behandlung von Vektoren und Matrizen mithilfe von MAPLE gibt. Beide Kapitel sollten daher frühzeitig durchgearbeitet werden. Die anderen Kapitel bauen nicht streng aufeinander auf; Sie müssen diese Kapitel also nicht der Reihe nach durcharbeiten. Jedes Kapitel sollten Sie jedoch in der Regel von Anfang an durcharbeiten. Das zweite Kapitel hat eine Sonderstellung: Es soll Ihnen ermöglichen, Ihre MAPLE-Kenntnisse aus dem ersten Kapitel sofort auf einige interessante Fragestellungen aus verschiedenen Bereichen der Mathematik anzuwenden. Sie können die Aufgaben jedoch auch zu einem späteren Zeitpunkt bearbeiten.

Zum Schluss noch einige Hinweise, die MAPLE selbst betreffen: Die Arbeitsanweisungen in diesem Buch sind auf die Verwendung des so genannten *classic worksheet* von MAPLE optimiert. Möchten Sie das *classic worksheet* in MAPLE ab Version 10 verwenden, so müssen Sie dieses von Hand aufrufen. Unter unix/linux rufen Sie dafür MAPLE mit der Option `-cw` auf, unter Windows benutzen Sie den Link "Classic Worksheet Maple 10" im MAPLE 10 Startmenü. Normalerweise sollten Sie pro Kapitel des Buches eine MAPLE-Sitzung eröffnen. Achten Sie dabei darauf, dass es keine Konflikte bei den verwendeten Variablennamen gibt.
Ein Index gibt Ihnen einen Überblick über die MAPLE-Befehle, die in diesem Buch behandelt werden. Am Anfang eines jeden Kapitels sind sowohl die Stichworte zu MAPLE als auch die mathematischen Begriffe zusammengestellt, die in dem Kapitel eine wichtige Rolle spielen. Benutzen Sie auch immer die in MAPLE vorgesehene Hilfe-Funktion, um mehr über die Befehle zu lernen.
Wie jedes umfangreiche Software-Paket hat auch MAPLE Eigenheiten und 'bugs'; wir haben diese jedoch bewusst nicht in den Vordergrund gestellt. Die wenigen Details dieser Art, die wir in diesem Buch besprechen, treten in Version 10 von MAPLE auf, die wir bei der Erstellung der Aufgaben benutzt haben.

Hinweise für Dozenten

Kapitel 1 und 3 dienen der Einführung und sind eher syntax-orientiert. Bei Kapitel 1 hat uns das ausgezeichnete Buch

- B. Perrin-Riou: Algèbre, arithmétique et MAPLE, Paris, Cassini, 2000

sehr geholfen. Ergänzende Anregungen finden sich auch in dem Buch

- R. Braun, R. Meise: Analysis mit MAPLE, Vieweg, 1995.

Kapitel 1 und 3 sind grundlegend und sollten daher frühzeitig den Studenten zur Bearbeitung gegeben werden. In allen anderen Kapiteln spielen mathematische Inhalte eine größere Rolle; hier sind verschiedene Reihenfolgen denkbar. Innerhalb eines Kapitels steigert sich aber im allgemeinen der mathematische und MAPLE-technische Schwierigkeitsgrad. Hier sind Umstellungen problematischer.

Das Buch ist entstanden aus einer gleichnamigen Lehrveranstaltung im Wintersemester 2006/07 an der Universität Hamburg, die nun ein Pflichtmodul in allen mathematischen Bachelor-Studiengängen ist. Für diese Veranstaltung haben wir die Aufgaben dieses Buches im E-Learning-System okuson, siehe

http://www.math.rwth-aachen.de/~OKUSON/

implementiert. Die Studenten konnten die Aufgaben an einem Ort und zu einer Zeit ihrer Wahl bearbeiten, ergänzend haben wir jedoch mehrmals wöchentlich Fragestunden angeboten.

Internetseite

Eine Internetseite zu dem Buch wird über die Homepages der beiden Autoren zugänglich sein. Darauf werden wir Ergänzungen, Links zu Online-Materialien sowie eine Liste von Druckfehlern bereitstellen.

nhaltsverzeichnis

Einführung in Maple

Typen, Variable, numerische Werte von Variablen, geordnete Listen, Mengen, for- und while-Schleifen, bedingte Befehle, Aussagenlogik, Funktionen und Routinen, global/lokal definierte Variable, Kommentare

Dieses Kapitel soll Sie mit Grundzügen von Maple vertraut machen. Zunächst sollten Sie sich die in Maple vorgesehene Hilfe ansehen. Sie können die Hilfe von Maple im *classic worksheet* in der rechten oberen Ecke durch Klicken mit der Maus aufrufen und dort etwa den Index, das Glossar oder die Volltextsuche wählen. In jedem Modus von Maple können Sie auch nach der Eingabeaufforderung, dem so genannten *prompt* > ein ? und einen Teil des gesuchten Befehls eingeben. Versuchen Sie dies, indem Sie auf den *prompt* hin ?eigen eingeben, tippen Sie also ?eigen ein und drücken Sie die Enter-Taste. Sehen Sie sich auf den Hilfe-Seiten immer auch die Beispiele genau an!

Sie können Programmkode direkt in das *worksheet* eintippen. Sie können auch einen Code in eine Datei schreiben und deren Inhalt mithilfe des Maple-Befehls read einlesen. Dies empfiehlt sich insbesondere bei längeren Programmen. Die genaue Syntax hängt von dem Betriebssystem ab, unter dem Sie arbeiten. Bitte beachten Sie hierfür die Hilfeseiten für read und file.

1.1 Elementare Operationen

Die ganzen Zahlen werden in Maple durch eine Ziffernfolge im Dezimalsystem dargestellt. Reelle Zahlen werden, wie im Englischen üblich, durch einen Punkt . (*kein* Komma) oder in der Exponentialnotation mit "e" dargestellt. Der Befehl whattype gibt den Typ eines Objekts an.

Führen Sie die folgenden Befehle aus und beobachten Sie die Reaktion von MAPLE:

```
> 1;
> 1.;
> 1e0;
> 1e2;
```

Beachten Sie, dass jeder Befehl mit einem Semikolon ; endet. Beobachten Sie, was passiert, wenn Sie gleichzeitig die Umschalttaste ⇑ und die Enter-Taste drücken. Beobachten Sie auch, was passiert, wenn Sie anstelle des Semikolons einen Doppelpunkt : eingeben.

Machen Sie sich durch Ausprobieren mit den elementaren arithmetischen Operationen in MAPLE +,-,*, \ , sowie ^ oder ** vertraut.

Aufgabe 1.1 Was ist das Ergebnis, wenn Sie

```
> 1/2*(a+3);
```

in MAPLE eingeben?

(a) $\frac{a}{2} + \frac{3}{2}$

(b) $\frac{1}{2a+6}$

Aufgabe 1.2 Was sind die Ausgaben von MAPLE für

```
> whattype(1);
> whattype(-1);
> whattype(1.0);
> whattype(x);
```

(a) *integer – float – float – variable*

(b) *integer – integer – float – symbol*

(c) *integer – integer – real – symbol*

ie mathematischen Begriffe im Englischen sind eigentlich die folenden: Die ganzen Zahlen heißen auf englisch *integers*, die reellen ahlen *real numbers*.

ieben Sie ?evalf ein, um den Befehl evalf zu verstehen und geben ie dann folgende Befehle ein:

```
whattype(Pi);
evalf(Pi);
whattype(evalf(Pi));
```

Aufgabe 1.3 Was sind die Ausgaben von MAPLE für whattype(Pi) und whattype(evalf(Pi));

(a) *float – float*
(b) *symbol – float*

Machen Sie sich die Bedeutung der Konstante Digits klar! Experimentieren Sie ein wenig, geben Sie etwa die folgenden Befehle ein:

```
> Pi;
> evalf(Pi);
> Digits:=50;
> evalf(Pi);
```

Aufgabe 1.4 Was ist die letzte Ziffer, die MAPLE ausgegeben hat?

Überlegen Sie sich, welche Ausgaben Sie erwarten für:

```
> Digits:=5;
> evalf(10.345678);
> evalf(0.000004556);
```

Im folgenden werden wir den *prompt* > des MAPLE worksheets im Aufgabentext weglassen.

1.2 Variable und Zuweisungen

Die Variablennamen in MAPLE bestehen aus mindestens einem
Buchstaben, dem weitere Buchstaben oder Zahlen folgen können.
Beispielsweise sind x, xy, a2, fact, pi1 zulässige Variablennamen, nicht aber 2a. Dabei unterscheidet MAPLE Groß- und Klein-
buchstaben. Einige Namen wie Pi, I oder auch Digits sind reserviert. Die Eulersche Zahl e = exp(1) erhalten Sie übrigens in den
neueren Versionen von MAPLE nur durch exp(1).

Die umgedrehten Hochkommata ' schützen jede Folge von Buchstaben und erlauben es, Symbolen allgemeinere Namen, die etwa auch
Leerzeichen und von MAPLE bereits reservierte Zeichen enthalten
dürfen, zuzuordnen, also z.B. kann '2a' als Variablenname verwendet werden. Einer Variable wird durch den Operator ":=" ein Wert
zugewiesen. Dieser Operator sollte nicht mit dem Vergleichsoperator
"=" verwechselt werden. Führen Sie nun folgende Befehle aus:

```
'x ?!':=5;
whattype('x ?!');
'x ?!'+1;

x;whattype(x);
x=1;
x;
x; whattype(x);
x:=1;
x;whattype(x);
x:='x';
x;whattype(x);
whattype(x+y);
whattype(x*y);

whattype(x^(-1));
whattype(y/x);
whattype(1/x);
```

Aufgabe 1.5 Wofür stehen die drei Typen `whattype(x^(-1));` `whattype(y/x); whattype(1/x); ?`

(a) Exponentiation - Multiplikation - Exponentiation
(b) Exponentiation - Multiplikation - Multiplikation

Der Befehl `x:='x'` entfernt die Wertzuweisung von der Variablen `x`. Achtung: Die verschiedenen Anführungszeichen bzw. Hochkommata besitzen in MAPLE jeweils unterschiedliche Bedeutungen!
Wenn einer Variablen kein Wert zugewiesen ist, ist sie ein Symbol, dessen Wert sein Name ist. Hochkommata um einen Ausdruck weisen MAPLE an, den Ausdruck nicht auszuwerten. Der Befehl `restart` re-initialisiert MAPLE und entfernt insbesondere alle Wertzuweisungen und berechneten Werte.
Sehen Sie sich nun die folgenden Befehle und ihre Wirkung genau an:

```
restart;
a:=x+y;
b:='x+y';
x:=1;
a;
b;
A:=x+y;
B:='x+y';

x:='x';
x;
a;
subs(x=1,a);
a;
x;
```

Vergleichen Sie die beiden Befehle `subs` und `eval`:

```
subs( y=0, sin(y) );
eval( sin(y), y=0 );
```

Aufgabe 1.6 Was ist das Ergebnis des Programms
`restart; x:='y'; x^2; ?`

 (a) `x^2`
 (b) `y^2`

Probieren Sie nun aus:

```
restart;
P:=x^2+1;

x:=2;
print('Der Wert von P an der Stelle ', x, 'ist ', P);
print("Der Wert von P an der Stelle ", x, "ist ", P);

x:=a;
print('Der Wert von P an der Stelle', x, 'ist ', P);
"Der Wert von P an der Stelle " , x , " ist " , P ;
```

Aufgabe 1.7 Wie lautet der letzte Ausdruck, den MAPLE nach der
Eingabe des obigen Codes ausgibt? Überlegen Sie sich erst, welches
Ergebnis Sie erwarten, und versuchen Sie es dann mit MAPLE!

 (a) `a^2+1`
 (b) `x^2+1`

Das Prozentzeichen % erlaubt es, die letzte Ausgabe wieder aufzurufen:

```
3^2+1;
%^2;
```

Aufgabe 1.8 Was ist das Ergebnis des obigen Programms?

.3 Einfaches Programmieren

1 MAPLE kann man auch programmieren. Wir stellen nun die wesentlichen Syntaxelemente vor.

.3.1 Schleifen mit Zähler

Geben Sie folgenden Beispielkode in MAPLE ein:

```
for i to 20 by 3 do i^2 od;
for i from 2 to 20 by 3 do i^2 od;
for i from 2 to 10 do i^2 od;
for i from 20 to 1 by -2 do i^2 od;
for i from 20 to 1 do i^2 od;
```

Aufgabe 1.9 Ab welchem Wert läuft die Variable i, wenn kein Wert explizit vorgegeben wird?

Aufgabe 1.10 Welchen Wert hat der Laufindex i, nachdem die Schleife for i from 2 to 6 by 2 do i^2 od ausgeführt wurde?

Aufgabe 1.11 Welchen Wert hat der Laufindex i, nachdem die Schleife for i from 10 to 1 by -1 do i^2 od ausgeführt wurde?

Es gibt auch Schleifen, die auf zuvor definierte Listen Bezug nehmen. Betrachten Sie dazu folgendes Beispiel:

```
L:=[2,5,8,11,20,14,17,8];
for i in L do i^2 od;
```

Beachten Sie hierbei: Die eckigen Klammern definieren *geordnete* Listen.

Der Ausdruck

```
S:={2,5,8,11,20,14,17,8};
```

definiert dagegen eine Menge. Vergleichen Sie dies mit den Begriffen
Familie und Menge, etwa in [Fischer, S.38].

Aufgabe 1.12 Erhalten Sie bei Eingabe von `for i in L do i^2`
`od` bzw. `for i in S do i^2 od` mit L und S wie oben dasselbe Ergebnis?

Wir möchten an dieser Stelle verschiedene Datenstrukturen in
MAPLE und deren Umwandlungen erläutern. Wir betrachten Folgen,
(geordnete) Listen, Mengen und Vektoren:

```
F:= f1,f2,f3; whattype(F);
L:=[l1,l2,l3]; whattype(L);
M:={m1,m2,m3}; whattype(M);
V:=Vector([v1,v2,v3]); whattype(V);
```

Eine Liste L wird durch `Vector(L)` in einen Vektor, ein Vektor durch
`convert(V,list)` in eine Liste umgewandelt. Die folgende Tabelle
gibt an, wie man die anderen Datenstrukturen ineinander umwan-
delt:

umwandeln in:	Folge	Liste	Menge
Folge		op(L)	op(M)
Liste	[F]		[op(M)]
Menge	{F}	{op(L)}	

Überprüfen Sie diese Umwandlungen mithilfe des Befehls `whattype`!
Wir werden im Folgenden die Begriffe "ungeordnete Liste" und
"Menge" synonym verwenden.

.3.2　Die while-Schleife

ı einer while-Schleife wird eine Befehlsfolge so lange ausgeführt,
ie die Boole'sche Variable, die nach while aufgeführt wird, den
Vert "wahr" hat.

Beispiele:

```
x:=4.5;
while x>0 do x:=x-1 od;
x:=-1;
while x>0 do x:=x-1 od;
```

Aufgabe 1.13 Was ist der letzte Wert, den MAPLE nach der ersten
while-Schleife ausgibt:

(a) 0.5
(b) -0.5
(c) keine Ausgabe

1.3.3　Bedingte Befehle

Geben Sie folgenden Beispielkode in MAPLE ein:

```
for p to 20 do
  if isprime(p) then print(p, ' ist eine Primzahl')
  fi;
od;

for p to 50 by 2 do
  if isprime(p) then print(p, ' ist eine Primzahl')
  else print(p, ' ist keine Primzahl')
  fi;
od;
```

Man kann also else auch weglassen.

Mithilfe von `elif` verkettet man mehrere geschachtelte `if`-Schleifen:

```
for x to 50 do
   if is(x^2-23*x+90=0) then
      print(x, ' ist Loesung')
   elif is (x^2-23*x+90>0) then
      print(x, ' gibt positiven Wert')
   else print(x, ' gibt negativen Wert')
   fi;
od;
```

Beachten Sie, dass die Vergleichszeichen in MAPLE =,>,<,<=,>=,<> sind, wobei das letzte Symbol für Ungleichheit steht. Man kann Aussagen mit **and** und **or** verketten und mit **not** negieren. MAPLE kennt also die Gesetze der Aussagenlogik.

Aufgabe 1.14 Was erhält man als Ausgabe für die folgenden beiden Zeilen?

```
x:=4; if not (x=2) then true else false fi;
x:=4; if x<>2 then true else false fi;
```

(a) zweimal true
(b) zweimal false
(c) einmal true, einmal false

In der Aussagenlogik gibt es **true** und **false** als Wahrheitswerte. In MAPLE ist zusätzlich noch **FAIL** für Fehler vorgesehen.
Geben Sie zum Beispiel ein:

```
FAIL and false;
true or false;
false and true;
```

Probieren Sie aus, wie sich **FAIL** in logischen Verknüpfungen mit **true** und **false** verhält!

Aufgabe 1.15 Geben Sie die korrekten Aussagen an:

(a) `FAIL or false` ist `false`
(b) `FAIL and true` ist `true`
(c) `FAIL and false` ist `false`

1.3.4 Der `Printlevel`

Achtung, das folgende Programm gibt keine Ausgabe:

```
restart;
for i to 5 do
if i> 2 then i^2 fi;
od;
```

Das liegt daran, dass MAPLE sich die hierarchische Ebene eines Ausdrucks merkt. Druckausgaben (auf den Bildschirm) erfolgen in der Standardeinstellung nur auf der ersten Stufe, aber hier ist die Zeile

```
if i> 2 then i^2 fi;
```

in der zweiten Stufe, da sie in der for-Schleife auftritt. Man kann dies durch die Variable `printlevel` verändern oder explizit den Befehl `print` geben. Vergleichen Sie

```
restart;
printlevel:=2;
for i to 5 do
 if i> 2 then i^2 fi;
od;
```

mit

```
restart;
printlevel;
for i to 5 do
   if i> 2 then print(i^2) fi;
od;
```

1.4   Funktionen und Routinen

In diesem Abschnitt sollen Sie sich mit der Definition von Funktionen
in MAPLE vertraut machen.

Viele mathematische Funktionen wie etwa `cos`, `sin`, `tan`,
`arccos`, `cosh`, `exp`, `log`, `ln` sind bereits in MAPLE vordefiniert.
Hierbei bezeichnet sowohl `log` als auch `ln` den natürlichen Logarith
mus.

Aufgabe 1.16 Mit welchem Befehl kann man sich in MAPLE einen
Überblick über die vordefinierten Funktionen verschaffen?

(a) `?inifcns` (für *Initially Known Mathematical Functions*)
(b) `?function`

1.4.1   Auswertung und MAPLE-Typen

Funktionen werden in MAPLE mithilfe von runden Klammern oder
dem Befehl `apply` an einer Stelle ausgewertet. Etwa ist 1 das Ergeb
nis der Eingabe `cos(2*Pi)` bzw. von `apply(cos, 2*Pi)`.

Aufgabe 1.17 Ist `cos(2*Pi)` vom Typ `float` oder `integer`?

Stellen Sie auch fest, welches Ergebnis Sie für `cos(2*Pi/3)` bzw.
`cos(2*Pi/9)` erhalten und von welchem Typ diese Ausgaben jeweils
sind.

Aufgabe 1.18 Von welchem Typ ist die Ausgabe von `cos(2*Pi/9)`?

(a) *function*
(b) *symbol*
(c) *variable*
(d) *float*

Aufgabe 1.19 Von welchem Typ ist die Ausgabe von
valf(cos(2*Pi/9))?

(a) *function*
(b) *symbol*
(c) *variable*
(d) *float*

Aufgabe 1.20 Von welchem Typ ist cos?

(a) *function*
(b) *symbol*
(c) *variable*
(d) *float*

Beachten Sie diese unmathematische Bezeichnungsweise!

1.4.2   Eingabe von Funktionen, Substitution

Wir lernen nun verschiedene Möglichkeiten kennen, selbst Funktionen in MAPLE zu definieren. Führen Sie dazu zunächst folgende Befehle aus:

```
restart;
f:=x->x^3+log(x);
y:=x^3+log(x);
f2:=unapply(y,x);

f(2); f;  eval(f); eval(f(2)); evalf(f); evalf(f(2));
f2(2); f2;  eval(f2); eval(f2(2));
        evalf(f2); evalf(f2(2));
```

Überzeugen Sie sich beispielsweise durch Auswertung von f und f2 auf geeigneten Werten davon, dass durch die beiden oben gegebenen Vorschriften für f und f2 dieselbe Funktion definiert wird.

Wir wollen nun obige Definitionen von f und f2 mit dem Befehl

```
h:=x^3+log(x);
```

vergleichen, der keine Funktion, sondern einen algebraischen Ausdruck definiert. Definieren Sie also h wie oben in MAPLE und beantworten Sie die folgenden Fragen zu h, f und f2.

Aufgabe 1.21 Was gibt MAPLE aus, wenn Sie h(2) eingeben?

(a) 8+ln(2)

(b) h(2)

(c) 8.693147181

(d) x(2)^3+ln(x)(2)

Aufgabe 1.22 Was gibt MAPLE aus, wenn Sie f(2) eingeben?

(a) 8+ln(2)

(b) f(2)

(c) 8.693147181

(d) x(2)^3+ln(x)(2)

Aufgabe 1.23 Was gibt MAPLE aus, wenn Sie subs(x=2,h); eingeben?

(a) 8+ln(2)

(b) h(2)

(c) 8.693147181

(d) x(2)^3+ln(x)(2)

Aufgabe 1.24 Was gibt MAPLE aus, wenn Sie subs(x=2,f(x));
eingeben?

(a) 8+ln(2)

(b) f(2)

(c) 8.693147181

(d) x(2)^3+ln(x)(2)

ergleichen Sie mit der Ausgabe von `subs(x=2,f);`.
eben Sie auch `subs(x=2,f2)` und `f2(2)` ein.

Aufgabe 1.25 Geben Sie nun

```
hattype(cos); whattype(cos(x)); whattype(x->cos(x));
```

in. Welche Ausgabe erhalten Sie?

(a) *symbol – function – procedure*
(b) *symbol – symbol – function*
(c) *symbol – procedure – function*

Aufgabe 1.26 Definieren Sie nun eine Funktion `g:=x->cos(x)` in MAPLE. Sei `f:=x->x^3+log(x)` wie oben definiert. Erhalten Sie dieselbe Ausgabe wie in der obigen Aufgabe, wenn Sie

```
whattype(g); whattype(g(x)); whattype(g->f(x));
```

eingeben?

Aufgabe 1.27 Durch welche Syntax wird eine Funktion f von den drei Variablen x, y, z definiert? (Mehrere Antworten können richtig sein.)

(a) `f:=(x,y,z)->x^2*y+z;`
(b) `A:=y+x^3+log(x)+z; f:=unapply(A,(x,y,z));`
(c) `A:=y+x^3+log(x)+z; f:=unapply(A,x,y,z);`

Wir möchten nun mit MAPLE eine Variablensubstitution vornehmen.

Aufgabe 1.28 Sei eine Funktion `F:=(x,y)->x^2+cos(x*y)` in MAPLE gegeben. Sie möchten eine Variablensubstitution $x = \sqrt{t}$ durchführen. Durch welche Syntax erhalten Sie eine entsprechende Funktion G von t und y? (Mehrere Antworten können richtig sein.)

(a) `G:=subs(x=sqrt(t),F);`
(b) `G:=subs(x=sqrt(t),F(x,y));`
(c) `b:=subs(x=sqrt(t),F(x,y)); G:=unapply(b,t,y);`
(d) `G:=(t,y)->subs(x=sqrt(t),F(x,y));`

Definieren Sie G jeweils gemäß den oben angegebenen Vorschlägen in MAPLE, also etwa

```
F:=(x,y)->x^2+cos(x);
G:=(t,y)->subs(x=sqrt(t),F(x,y));
```

Lassen Sie sich G(t,y) ausgeben. Ändern Sie nun die Funktion F, etwa durch unassign(F); F:=(x,y)->x^2 wobei der Befehl unassign dafür sorgt, dass die ursprüngliche Definition der Funktion F vergessen wird. Allerdings können Sie in MAPLE Namen auch ohne den Befehl unassign neu zuweisen, da immer die letzte eingegebene Definition gilt. Lassen Sie sich wieder G(t,y) ausgeben und vergleichen Sie!

Aufgabe 1.29 Bei welcher bzw. welchen der obigen Definitionen a) bis d) ändert sich der Ausdruck G(t,y) durch die neue Definition von F?

1.4.3 Rechnen mit Funktionen

Addition (Subtraktion) und Multiplikation (Division) von Funktionen, sowie skalare Multiplikation von Funktionen sind in MAPLE durch die uns bereits bekannten Symbole +, -, *, / definiert. Probieren Sie zur Veranschaulichung für f:=x->x^3+log(x) folgenden Code aus:

```
f*cos;
f*cos(x);
(f*cos)(x);
expand((f*cos)(x));
(3*f-cos)(x);
(3*f-cos-sin*f)(x);
cos*sin-sin*cos;
```

Aufgabe 1.30 Sind die Ausgaben von f*cos(x); und (f*cos)(x); gleich?

eben Sie auch ein

```
f/cos;
f/cos(x);
(f/cos)(x);
(3/f-cos)(x);
(f/3)(x);
3/f(x);
```

Aufgabe 1.31 Welche Eingabe definiert den Quotienten von f und cos als Funktion?

(a) `f/cos(x);`
(b) `(f/cos)(x);`

MAPLE führt diese Operationen symbolisch durch. Die Eingabe `(f/cos)(Pi/2)` etwa erzeugt jedoch eine Fehlermeldung. Die Verknüpfung von Funktionen wird mithilfe des Symbols @ definiert. Beispiel:

```
sin@cos;
(sin@cos)(x);
```

Für die n-fache Verknüpfung einer Funktion mit sich selbst kann man abkürzend auch das Symbol @@ verwenden, etwa ist die 15-fache Verknüpfung der Exponentialfunktion mit sich selbst in MAPLE durch den Ausdruck `exp@@15` gegeben.

Aufgabe 1.32 Definieren `cos@@2` und `cos@cos` dieselbe Funktion?

1.4.4   Die procedure, lokale und globale Variable

Alternativ zu den oben beschriebenen Möglichkeiten, Funktionen
vorzugeben, kann man in MAPLE auch mit dem Befehl proc
(Abkürzung für englisch *procedure*) arbeiten, mit dem man Variable einlesen, bearbeiten und wieder ausgeben kann. Er wird mit dem
Befehl end; abgeschlossen. So ist etwa

```
f:=proc(x); cos(x) ; end;
```

äquivalent zur Definition

```
f:=x-> cos(x) ;
```

Die Argumente werden hierbei wie bei Funktionen in runden Klammern übergeben. Wir werden jedoch im folgenden sehen, dass proc
deutlich mehr Möglichkeiten bietet als eine MAPLE-Funktion.
Vergewissern Sie sich, dass die folgende Routine fakult die Fakultät
einer positiven natürlichen Zahl berechnet:

```
fakult:=proc(n);
  y:= 1;
  for i to n do y:=i*y od;
  RETURN(y);
end;
```

Überzeugen Sie sich davon, dass die Routine genauso funktioniert,
wenn Sie die Zeile RETURN(y) auslassen. Normalerweise gibt eine
über proc definierte Routine das zuletzt berechnete Resultat aus.
Ersetzen Sie auch die fragliche Zeile durch die Zeile RETURN(n,y);.

Aufgabe 1.33 Wahr oder falsch? Fügt man nach RETURN nochmals
den Befehl print(y) in die Routine ein (vor den Befehl end), so wird
dieser ignoriert, während er ausgeführt wird, wenn er vor RETURN
steht.

In der zweiten Zeile der Routine fakult wird die lokal – das heißt
nur innerhalb der Routine – verwendete Hilfsvariable y auf den Anfangswert 1 gesetzt (initialisiert).

olche lokal verwendeten Hilfsvariablen sollten im Sinne eines transarenten Programmierstils zu Beginn der Routine explizit als solche klärt werden:

```
fakult:=proc(n) local y,i ;
```

o verschwinden auch die Fehlermeldungen

Varning, 'y' is implicitly declared local to procedure 'fakult'
Varning, 'i' is implicitly declared local to procedure 'fakult'

)ie Werte lokal definierter Variabler werden nur innerhalb der Routie manipuliert und danach vergessen. Taucht also an anderer Stelle m MAPLE **worksheet** eine Variable mit demselben Namen auf, o wird deren Wert durch das Ausführen des Programms *nicht* erändert, und umgekehrt wird auch ein zuvor festgelegter Wert eier Variablen dieses Namens nicht in der Routine berücksichtigt.)ies ist ein Beispiel dafür, dass **proc** mehr Möglichkeiten bei der 'rogrammierung bietet als eine MAPLE-Funktion.
:rklärt man dagegen eine Variable zu Beginn als globale Variable, o werden zuvor festgelegte Werte berücksichtigt und der Wert der Variable ist nach Durchführung der Routine neu festgelegt.
'robieren Sie dazu zunächst den folgenden Code aus:

```
i:=10;
VersuchA:=proc(n) local i;
 i:=i+n:
end;


VersuchA(2);
i;
```

Aufgabe 1.34 Was sind die beiden letzten Ausgaben von MAPLE?

(a) $i + 2$ und 10
(b) 12 und i
(c) 12 und 10
(d) 12 und 12

Vergleichen Sie mit folgendem Code:

```
i:=10;
VersuchB:=proc(n) global i;
 i:=i+n:
end;

VersuchB(2);
i;
```

Aufgabe 1.35 Was sind die beiden letzten Ausgaben von MAPLE?

   (a) $i + 2$ und 10
   (b) 12 und i
   (c) 12 und 10
   (d) 12 und 12

Aufgabe 1.36 Was ist das Ergebnis, wenn Sie nun nochmals `VersuchB(2)` eingeben?

Betrachten Sie nun die Routine

```
fa:=proc(n) local y,i;   # Routine ohne Initialisierung
  for i to n do y:=i*y od;
end;                     # hier ist das Ende der Routine
```

bei der keine Initialisierung für y vorgenommen wird.

Beachten Sie hierbei: Hinter das Zeichen # können Sie Kommentare schreiben. Sie werden beim Ausführen des Codes ignoriert, machen aber Programme für Sie selbst und andere leichter nachvollziehbar.

Aufgabe 1.37 Was gibt MAPLE für `fa(4)` aus?

   (a) 24
   (b) `syntax error`
   (c) 24y

rstellen Sie mithilfe der Routine `fakult` ein Tupel, das die Fakultäten der natürlichen Zahlen von 3 bis 30 enthält. Verwenden afür die in MAPLE vordefinierte Routine `seq`, also

`s:=seq(fakult(i), i=3..30);`

Iithilfe von eckigen Klammern können Sie einzelne Elemente von `s` ufrufen, etwa `s[4]` für den vierten Eintrag.

Aufgabe 1.38 Geben Sie die erste Ziffer des 27. Elementes von `s` n.

Aufgabe 1.39 Was ist das Ergebnis, wenn Sie `fakult` auf eine ositive Zahl $r \in \mathbb{R} \setminus \mathbb{N}$ anwenden? Hierbei ist $[\cdot]$ die Gauß-Klammer, l.h. $[r] = \max\{m \in \mathbb{N} | m \leq r\}$ für $r > 0$.

(a) die natürliche Zahl $[r]!$ (r wird abgerundet)
(b) die natürliche Zahl $[r+1]!$ (r wird aufgerundet)
(c) die natürliche Zahl $n!$, wobei n die r am nächsten liegende natürliche Zahl ist (r wird gerundet).
(d) die reelle Zahl $r(r-1)(r-2)\cdots(r-[r]+1)(r-[r])$.

Aufgabe 1.40 Was ist das Ergebnis, wenn Sie `fakult` auf eine negative ganze Zahl, etwa auf -5, anwenden?

(a) -120
(b) 120
(c) Es erfolgt keine Ausgabe.

Aufgabe 1.41 Stimmt für $r \in \mathbb{R} \setminus \mathbb{N}$ das Ergebnis von `fakult(r)` mit der vordefinierten Routine `r!` überein?

Sie können den in eine Routine eingelesenen Variablen einen Typ zuweisen. Probieren Sie etwa aus:

```
probe:=proc(x::integer);
 cos(x);
end;

probe(2);
probe(2.3);
```

Aufgabe 1.42 Verändert sich die Ausgabe der Routine `fakult(r)` für $r \in \mathbb{R} \setminus \mathbb{N}$, wenn Sie `fakult` mithilfe von `proc(n::integer)` anstelle von `proc(n)` definieren?

Aufgabe 1.43 Ist nach Abschluss der Routine dem Symbol y ein fester Wert zugewiesen?

Machen Sie sich nun mit der MAPLE-Hilfe mit dem Befehl `product` vertraut.

Aufgabe 1.44 Welche der folgenden Routinen ist für $n = 0, 1, 2, \ldots$ äquivalent zu `fakult`?

(a)   `fa1:=proc(n);`
      `if n=0 then 1 else product(i,i=1..n) fi;`
      `end;`

(b)   `fa2:=proc(n);`
      `product(i,i=1..n);`
      `end;`

(c)   `fa3:=proc(n);`
      `if not(n=0) then product(i,i=1..n) fi;`
      `end;`

.4.5 Rekursiv definierte Routinen

etrachten Sie nun die Routine `fakult1`, die ebenfalls die Fakultät
ner natürlichen Zahl berechnet:

```
akult1:=proc(n);
f n=0 then 1 else n*fakult1(n-1) fi;
nd;
```

Wie Sie sehen, ruft sich diese Routine wiederholt selbst auf, bis ihr
Argument n den Wert 0 erreicht. Man nennt diese Art der Definition
iner Routine eine *rekursive* Definition.

'ergleichen Sie die Laufzeit dieser Routine mit derjenigen der im vor-
ngehenden Abschnitt definierten Routine `fakult`. Verwenden Sie
iierzu den Befehl `time()`. Dieser gibt die CPU-Zeit an, die seit Be-
inn der MAPLE-Sitzung verstrichen ist (in Sekunden). Um die CPU-
Zeit zu bestimmen, die für eine Rechnung, z.B. die Auswertung einer
'unktion f(4), benötigt wird, geht man daher folgendermaßen vor:

```
s:=time();
f(4);
time()-s;
```

Sehen Sie sich auch den Befehl `showtime` in der MAPLE-Hilfe an.

Aufgabe 1.45 Welche der Routinen zur Berechnung von Fakultäten
ist bei großen Zahlen schneller?

(a) `fakult`
(b) `fakult1`

Finden Sie eine Zahl n, bei der `fakult1` zu folgender Fehlermeldung
führt:

Error, (in fakult1) too many levels of recursion

Lesen Sie nun in der Hilfe nach, welche Funktion die Option
remember hat und überprüfen Sie, ob Sie mithilfe der folgenden Routine

```
fakult2:=proc(n) option remember;
if n=1 then 1 else n*fakult2(n-1) fi;
end;
```

n! doch berechnen können.

Erste Beispiele und Aufgaben

1 diesem Kapitel stellen wir erste Anwendungen von MAPLE vor.
ierbei spielt zwar zum Teil auch Mathematik eine Rolle, die später
och vertieft wird; Sie können diese Aufgaben aber bereits jetzt mit-
ilfe der im ersten Kapitel erworbenen MAPLE-Kenntnisse bearbei-
en. Sie können dieses Kapitel jedoch auch beim ersten Lesen über-
pringen.

2.1 Approximation von Quadratwurzeln

Vir möchten hier einen Algorithmus untersuchen, der Quadratwur-
eln positiver reeller Zahlen $a \in \mathbb{R}_{>0}$ approximiert. Lesen Sie hierzu
twa [Forster 1, §6] oder auch Kapitel 5.4. in

- K. Königsberger, Analysis I, Springer 2004.

Definieren Sie in MAPLE eine Folge $(x_n)_{n \in \mathbb{N}}$, deren Folgenglieder
ekursiv wie folgt gegeben seien

$$x_{n+1} = \frac{1}{2}\left(x_n + \frac{a}{x_n}\right) \qquad n = 0, 1, 2, \ldots$$

und zwar in Abhängigkeit von $a \in \mathbb{R}_{>0}$ und einem Startwert $x_0 \in \mathbb{R}_{>0}$ als Routine folg:=proc(n,a,x0). Sie können dabei ähnlich vorgehen wie bei der Definition der Routine fakult1 auf Seite S. 23.
Setzen Sie also in der Routine zunächst den Wert folg(0,a,x0) fest,
und berechnen Sie dann rekursiv, etwa mithilfe einer for-Schleife

```
for i from 1 to n do
    folg(i,a,x0) :=  ...
od;
```

die höheren Folgenglieder folg(i,a,x0) aus folg(i-1,a,x0). Denken Sie daran, sich das Ergebnis folg(n,a,x0) vor dem end-Befehl
der Routine ausgeben zu lassen.

Lassen Sie sich die Werte von `folg(n,2,1)`, `folg(n,3,1)` sowie
`folg(n,4,1)` für n von 1 bis 10 ausgeben. Vergleichen Sie die Ergebnisse mit denen, die Sie für `folg(n,2.,1)`, `folg(n,3.,1)` sowie
`folg(n,4.,1)` erhalten. Verändern Sie nun den Startwert x_0, berechnen Sie zum Beispiel `folg(n,2.,15)` und `folg(n,3.,15)`.

Aufgabe 2.1 Geben Sie die dritte Nachkommastelle der Ausgabe
von `folg(5,3.,20)` an.

Setzen Sie `Digits:=50` und vergleichen Sie die Ausgaben von
`folg(7,3.,20)`, `folg(8,3.,20)` und `evalf(sqrt(3))`. Hierbei
steht `sqrt` für die Wurzelfunktion (Quadratwurzel heißt auf englisch
square root).

Aufgabe 2.2 Bis zu welcher Nachkommastelle M (einschließlich)
stimmt `folg(7,3.,20)` mit dem von `evalf(sqrt(3))` überein?

Hinweis: Bilden Sie die Differenz.

Aufgabe 2.3 Sei M wie oben definiert. Gibt es `n` > 7, so dass
weniger als die ersten $M - 1$ Nachkommastellen von `folg(n,3.,20)`
mit denen von `folg(7,3.,20)` übereinstimmen?

Hinweis: Stellen Sie Beobachtungen über die Monotonie der Folge an
und versuchen Sie, diese zu beweisen.

Verändern Sie den Startwert `x0`. Untersuchen Sie, welchen Wert Sie
`Digits` zuweisen müssen, damit Sie die Differenz `folg(7,3.,1.9)`
`- evalf(sqrt(3))` noch bestimmen können.

Beantworten Sie nun die folgenden Fragen. Lesen Sie gegebenenfalls
auch in den eingangs erwähnten Lehrbüchern nach.

Aufgabe 2.4 Sei $x_0 > 0$. Überlegen Sie sich, was stimmt:

(a) Die Folge $(x_n)_{n\in\mathbb{N}}$ fällt für $n \geq 1$ monoton.

(b) Es gilt $x_n \geq \sqrt{a}$ für $n \geq 1$, unabhängig vom Startwert $x_0 > 0$.

(c) Für gewisse Werte von x_0 und a kann die Folge zwei Häufungspunkte besitzen.

Aufgabe 2.5 Wahr oder falsch? Unabhängig von der Wahl des Startwerts $x_0 > 0$ konvergiert die Folge gegen $\sqrt{a}$.

Aufgabe 2.6 Wie wählen Sie x_0, um möglichst schnelle Konvergenz zu erreichen?

(a) x_0 sollte viel größer als der erwartete Wert für $\sqrt{a}$ sein.

(b) x_0 sollte möglichst nahe am erwarteten Wert für $\sqrt{a}$ liegen.

(c) x_0 sollte viel kleiner als der erwartete Wert für $\sqrt{a}$ sein.

Aufgabe 2.7 Konvergiert die Folge $(x_n)_{n\in\mathbb{N}}$ für $a > 0$ und für negative Startwerte x_0 gegen das Negative der Wurzel von a?

2.2 Die Bailey-Borwein-Plouffe-Formel

Interessante Zahlen kann man oft durch eine Reihendarstellung numerisch berechnen. Sehr bekannt ist beispielsweise die Formel

$$\sum_{n=1}^{\infty} \frac{1}{n^2} = \frac{\pi^2}{6} \ , \qquad\qquad (2.1)$$

die auf Euler zurückgeht, und mit der man die Zahl π berechnen kann, siehe etwa [Forster 1, Kap 7]. Im Folgenden sollen Sie sich klar machen, dass eine Zahl verschiedene Reihendarstellungen besitzen kann, die für die konkrete Berechnung unterschiedlich gut geeignet sein können.

Betrachten wir zunächst die Logarithmusfunktion. Erinnern Sie sich an die Taylor-Entwicklung der Logarithmusfunktion um den Entwicklungspunkt 1, siehe etwa [Forster 1, S.253]. Sie können sich die ersten fünf Glieder dieser Entwicklung auch mithilfe des MAPLE-Befehls `taylor(ln(x),x=1,6)` verschaffen (siehe auch Kapitel 8). Durch Einsetzen erhalten Sie eine Reihendarstellung der reellen Zahl $\ln 2$.

Aufgabe 2.8 Wie sieht diese Reihendarstellung aus:

(a) $\ln 2 = \sum_{n=1}^{\infty} (-1)^{n-1} \frac{1}{n}$

(b) $\ln 2 = \sum_{n=1}^{\infty} (-1)^{n} \frac{1}{n}$

Benutzen Sie auch den Befehl `evalf(add((-1)^n)/n,n=1..10))` beziehungsweise `evalf(add((-1)^(n-1))/n,n=1..10))`, um Ihre Antwort durch Vergleich mit dem numerischen Wert von $\ln 2$ zu überprüfen.

Eine andere Reihendarstellung für $\ln 2$ erhalten Sie wie folgt. Beachten Sie zunächst, dass gilt

$$\ln 2 = -\ln(1 - \tfrac{1}{2}) \, .$$

Verwenden Sie nun wieder die eben gefundene Taylor-Entwicklung der Logarithmusfunktion um den Entwicklungspunkt 1.

Aufgabe 2.9 Welche Reihendarstellung erhalten Sie?

(a) $\ln 2 = \sum_{n=1}^{\infty} \frac{(-2)^{-n}}{n}$

(b) $\ln 2 = \sum_{n=1}^{\infty} \frac{2^{-n}}{n}$

Überlegen Sie sich nun, auf Grund welcher Konvergenzkriterien die Reihendarstellungen von $\ln 2$ aus den Aufgaben 2.8 und 2.9 konvergieren. Betrachten Sie auch die Folge der Quotienten des n-ten und des $n+1$-ten Summanden der Reihen.

erechnen Sie mithilfe des MAPLE-Befehls **add** wie oben die ersten
artialsummen beider Reihenentwicklungen. Verwenden Sie auch
valf(ln(2)); um die Partialsummen der beiden Reihenentwicklungen mit dem numerischen Wert von ln 2 zu vergleichen.

Aufgabe 2.10 Welche Reihendarstellung konvergiert schneller?

(a) Die aus der Entwicklung von $\ln(1+1)$ gewonnene Darstellung.
(b) Die aus der Entwicklung von $-\ln(1-\frac{1}{2})$ gewonnene Darstellung.

Überraschenderweise wurde im Jahr 1995 eine neue Reihendarstellung der Zahl π entdeckt. Sie wird in der Literatur als Bailey-
Borwein-Plouffe-Formel bezeichnet und lautet:

$$\pi = \sum_{k=0}^{\infty} 16^{-k} \left(\frac{4}{8k+1} - \frac{2}{8k+4} - \frac{1}{8k+5} - \frac{1}{8k+6} \right)$$

Implementieren Sie die Partialsummen dieser Reihendarstellung
$\sum_{k=0}^{n} \cdots$ wieder mithilfe des Befehls **add** in Abhängigkeit von n.
Implementieren Sie ebenso die Eulersche Formel (2.1). Berechnen
Sie nun näherungsweise für verschiedene Werte von n den Wert von
$\pi^2/6$ mithilfe der beiden verschiedenen Reihendarstellungen.

Aufgabe 2.11 Welche Reihendarstellung konvergiert schneller?

(a) die aus der Bailey-Borwein-Plouffe-Formel
(b) die aus der Eulerschen Formel

2.3   Benfords Gesetz

Wir wollen in diesem Abschnitt ein Phänomen untersuchen, das als
das Benfordsche Gesetz bekannt ist.

2.3.1   Anfangsziffern der Dezimaldarstellung von Zweierpotenzen

Betrachten Sie die Folge natürlicher Zahlen $(2^n)_{n \in \mathbb{N}}$. Schreiben Sie
die Folgenglieder im Dezimalsystem und betrachten Sie die Folge
$(a_n)_{n \in \mathbb{N}}$ der Anfangsziffern dieser Zahlen, also

$$1, 2, 4, 8, 1, 3, 6, 1, 2, 5, 1, \ldots .$$

Es gilt also $a_n \in Z := \{1, 2, 3, 4, 5, 6, 7, 8, 9\}$ für alle $n \in \mathbb{N}$.

Bezeichne $\#_N(i)$ die Häufigkeit, mit der die Ziffer $i \in Z$ unter den
ersten N Folgegliedern $a_1, a_2, \ldots, a_N$ vorkommt. Wir interessieren
uns für die relativen Häufigkeiten der auftretenden Ziffern, also zu
gegebenem N für die rationalen Zahlen

$$p_N(i) := \#_N(i)/N$$

für $i \in Z$.

Schreiben Sie ein MAPLE Programm, dass Ihnen als Funktion von
N die neun Werte $p_N(i)$ für $i \in Z$ ausgibt, und betrachten Sie diese
Werte für verschiedene, hinreichend große Werte von N.

Hinweise:

1. Die in MAPLE vordefinierte Funktion `log10` gibt Ihnen den
   Logarithmus zur Basis 10; die in MAPLE vordefinierte Funktion `floor` gibt Ihnen die größte ganze Zahl kleiner gleich einer reellen Zahl an. Kombinieren Sie beides, um eine Routine
   `anfangsziffer` zu schreiben, die Ihnen für eine ganze Zahl die
   Anfangsziffer in ihrer Dezimaldarstellung ausgibt.

2. Verwenden Sie nun folgenden Code

   ```
   ErgebnisListe:=N->[seq(anfangsziffer(2^i),i=0..N)];
   ```

   um eine $(N+1)$-elementige Liste zu erzeugen, deren i-ter Eintrag die Anfangsziffer der Zahl 2^{i+1} ist.

3. Laden Sie nun die Bibliothek `ListTools` mithilfe des Befehls `with(ListTools):` (siehe dazu auch S. 38 in Kapitel 3). Diese Bibliothek stellt Ihnen den Befehl `Occurrences` bereit, mit dem Sie für gegebenes N in der Liste `ListErgebnis(N)` die Anzahl des Auftretens einer gewissen Ziffer bestimmen können, zum Beispiel

   ```
   Occurrences(3,ErgebnisListe);
   ```

   Bestimmen Sie so die relativen Häufigkeiten.

Aufgabe 2.12 Was beobachten Sie?

(a) Die Werte konvergieren für $N \to \infty$ gegen feste Werte.

(b) Alle neun Ziffern treten mit gleicher Häufigkeit auf.

Machen Sie nun weitere Experimente, indem Sie für andere reelle Zahlen $b > 0$ untersuchen, wie oft welche Ziffer als erste Ziffer der Dezimaldarstellung von b^i für $i = 0, \ldots, N$ auftritt. Erweitern Sie dafür Ihr MAPLE-Programm `ErgebnisListe` so, dass b ein weiterer Eingabeparameter ist.

Betrachten Sie nun die Häufigkeiten der Anfangsziffern für die folgenden Werte von b:

$$b \in \{3, 4, \log_{10}(13)\},$$

wobei hier der Logarithmus zur Basis 10 gemeint ist.

Aufgabe 2.13 Was gilt?

(a) In allen drei Fällen findet man für große N ungefähr die gleichen Häufigkeiten wie bei $b = 2$.

(b) Nur für $b = 3, 4$ findet man für große N ungefähr die gleichen Häufigkeiten wie bei $b = 2$.

2.3.2 Statistiken

Verschaffen Sie sich nun beliebige Statistiken. Besuchen Sie dazu etwa die Internetseiten des statistischen Bundesamtes. Dort finden Sie zum Beispiel für alle 15 Bundesländer Tabellen zum Thema Wahlen. Bestimmen Sie beispielsweise die Häufigkeit der Anfangsziffern in den Stimmenzahlen für verschiedene Parteien in verschiedenen Wahlbezirken. Schreiben Sie diese in eine MAPLE-Liste und berechnen Sie wieder mithilfe von `Occurrences` die relativen Häufigkeiten. Vergleichen Sie diese mit den relativen Häufigkeiten aus dem vorangegangenen Abschnitt.

2.3.3 Potenzen komplexer Zahlen

Um den mathematischen Hintergrund von Aufgabe 2.12 zu verstehen, betrachten wir zunächst ein anderes Problem.

Sei $z = \exp(2\pi i\theta)$ mit $\theta \in \mathbb{R}$, eine komplexe Zahl vom Betrag eins. Betrachten Sie die Folge $z, z^2, z^3, \ldots$ komplexer Zahlen. Überlegen Sie zunächst, dass alle Folgenglieder dieser Folge auch komplexe Zahlen vom Betrag eins sind.

Lassen Sie sich nun mithilfe des Befehls `pointplot` aus dem Paket `plots` (siehe auch S. 100) die ersten 100 Glieder dieser Folge für verschiedene Werte von θ als Punkte in der komplexen Ebene ausgeben. Wählen Sie hierbei sowohl rationale als auch irrationale Werte für θ. Verwenden Sie zum Beispiel für $\theta = 1/14$ etwa die folgende Syntax:

```
theta := 1/14:
z := exp(2*Pi*I*theta):
plots[pointplot]
   ({seq([Re(expand(z^n)),Im(expand(z^n))],n=1..300)});
```

Aufgabe 2.14 Welche Vermutungen für die gesamte Folge liegen nahe?

(a) Ist θ rational, so liefert der zugehörige `pointplot`-Befehl ein regelmäßiges n-Eck. Schreibt man θ als gekürzten Bruch, so ist n gleich dem Nenner von θ.

(b) Ist θ rational, liefert der zugehörige `pointplot`-Befehl ein regelmäßiges n-Eck. Schreibt man θ als gekürzten Bruch, so ist n gleich dem Doppelten des Nenners von θ.

(c) Ist θ irrational, so ist die Menge $\{z^n, n \in \mathbb{N}\}$ eine dichte Teilmenge des Einheitskreises.

(d) Ist θ irrational, so ist die Menge $\{z^n, n \in \mathbb{N}\}$ eine dichte Teilmenge des Einheitskreises und die Punkte sind gleichverteilt.

2.3.4 Zurück zu relativen Häufigkeiten

Um den Zusammenhang zwischen den in den Abschnitten 2.3.1 und 2.3.3 angesprochenen mathematischen Phänomenen zu verstehen, überlegen Sie sich Folgendes. Sei $a > 1$ eine reelle Zahl; ihren Logarithmus zur Basis 10 zerlegen wir in seinen ganzen Anteil x und den gebrochenen Anteil:

$$\log_{10}(a) = x + y$$

mit $x \in \mathbb{N}$ und $0 \leq y < 1$. Dann hängt die erste Ziffer in der Dezimaldarstellung von a nur von y ab.

Im Falle der Folge $(2^n)_{n \in \mathbb{N}}$ betrachten wir also die Folge

$$\log_{10} 2^n = n \log_{10} 2 \bmod \mathbb{Z} \ .$$

Da die Zahl $\log_{10} 2$ irrational ist, liegt diese Folge dicht in $\mathbb{R}/\mathbb{Z}$ und ist dort sogar gleichverteilt. Die Verteilung, die Sie am Anfang dieses Abschnitts beobachtet haben, war das Urbild dieser Gleichverteilung unter der Logarithmusfunktion.

2.4   Darstellung von Primzahlen durch Quadratsummen

Wir wollen in diesem Abschnitt zwei elementare zahlentheoretische
Sachverhalte mit MAPLE untersuchen.

Aufgabe 2.15 Überlegen Sie sich zunächst auf dem Papier, welchen
Rest modulo 4 das Quadrat einer ganzen Zahl lassen kann:
  (a) 0   (b) 1   (c) 2   (d) 3

Wir betrachten nun ungerade Primzahlen p. Die Frage ist, welche
dieser Primzahlen sich als Summe von Quadraten zweier natürlicher
Zahlen schreiben lassen. Überlegen Sie zunächst, was eine notwendige
Bedingung dafür ist.

Aufgabe 2.16   Was ist richtig?

  (a) Alle Primzahlen kommen in Frage.
  (b) Nur die Primzahlen, für die $p = 1 \bmod 4\mathbb{Z}$ gilt, kommen in
      Frage.
  (c) Nur die Primzahlen, für die $p = 3 \bmod 4\mathbb{Z}$ gilt, kommen in
      Frage.

Wir untersuchen nun mit MAPLE eine Vermutung für eine hinreichende Bedingung dafür, dass eine Primzahl p als Summe der Quadrate zweier ganzer Zahlen geschrieben werden kann, $p = a^2 + b^2$,
$a, b \in \mathbb{Z}, a \neq b$.
Erstellen Sie dazu in MAPLE zunächst eine Liste natürlicher Zahlen,
die sich als Summe zweier Quadrate natürlicher Zahlen schreiben
lassen:

```
# erzeugt Liste mit Wiederholungen:
[seq(seq(i^2+j^2,i=0..4),j=0..4)];


# erzeugt Menge ohne Wiederholungen:
ZweiQuadrate := {seq(seq(i^2+j^2,i=0..4),j=0..4)};
```

ie sollten natürlich i und j größer als 4 betrachten und in diesem
all die Ausgabe des Ergebnisses durch Verwendung von : unter-
rücken. Erstellen Sie sich nun mithilfe des Befehls ithprime(n),
er die n-te in MAPLE gespeicherte Primzahl ausgibt, eine (unge-
rdnete) Liste ungerader Primzahlen

```
primGroesser2 := {seq(ithprime(i),i=2..10)};
    # 2=ithprime(1) kommt in der Liste nicht vor
```

Wiederum sollten Sie natürlich mehr als nur zehn Primzahlen, son-
ern alle vierstelligen Primzahlen untersuchen.
Bilden Sie nun mithilfe des Befehls intersect die Schnittmenge

```
ZweiQuadUndPrimGroesser2 :=
        ZweiQuadrate intersect primGroesser2;
```

Überlegen Sie sich, wie groß Sie i und j in Abhängigkeit des größten
Elements von primGroesser2 mindestens wählen sollten, damit obige Schnittmenge so groß wie möglich wird. Sie sollten hierbei alle
vierstelligen Primzahlen untersuchen.
Benutzen Sie den Befehl

```
ZweiQuadUndPrimGroesser2 mod 4
```

um sich davon zu überzeugen, dass alle untersuchten Primzahlen, die
sich als Summe zweier Quadrate schreiben lassen, tatsächlich Rest 1
modulo 4 lassen.
Überprüfen Sie nun, ob sich auch umgekehrt alle Primzahlen
$p = 1 \mod 4\mathbb{Z}$ (kleiner oder gleich der größten Primzahl p_{max} in
ZweiQuadUndPrimGroesser2) als Summe zweier Quadrate schreiben
lassen. Erstellen Sie dazu eine Liste Prim1mod4 aller Primzahlen p,
die $p = 1 \mod 4\mathbb{Z}$ sowie $p \leq p_{max}$ erfüllen. Wir verschaffen uns
zunächst p_{max}:

```
# misst die Laenge der Liste:
 l := nops(ZweiQuadUndPrimGroesser2);

# waehlt das letzte (=groesste) Element aus:
 pMax := ZweiQuadUndPrimGroesser2[l];
```

Um die Zahl der Elemente der Liste zu bestimmen, haben wir den Befehl `nops` verwendet. Dieser steht für *number of operators*. Man beachte die unmathematische Verwendung des Worts *operator*!

Um `Prim1mod4` zu erstellen, definieren wir eine Funktion, die die Primzahlen $p = 1 \mod 4\mathbb{Z}$ kleiner gleich p_{max} auswählt

```
f:= i -> if ithprime(i) mod 4 = 1
           and ithprime(i) <= pMax
         then ithprime(i) fi;
 Prim1mod4 := {seq(f(i),i=2..10)};
```

Bilden Sie nun mithilfe des Befehls `minus` die Menge

```
Prim1mod4 minus ZweiQuadUndPrimGroesser2
```

Aufgabe 2.17 Wahr oder falsch? Ist diese Liste leer, so lassen sich alle untersuchten Primzahlen $p = 1 \mod 4\mathbb{Z}$ als Summe zweier Quadrate schreiben.

Aufgabe 2.18 Finden Sie Beispiele von Primzahlen $p = 1 \mod 4\mathbb{Z}$, die sich *nicht* als Summe zweier Quadrate schreiben lassen?

Literaturhinweis:

- J. Neukirch, Algebraische Zahlentheorie, Springer 1992, S.1-5
- A. Schmidt, Einführung in die algebraische Zahlentheorie, Springer 2007, Kapitel 2.4

Wir stellen uns nun die Frage, welche natürlichen Zahlen sich als Summe von *vier* Quadraten ganzer Zahlen schreiben lassen. Stellen Sie eine Vermutung auf und testen Sie diese mit einem ähnlichen MAPLE-Programm wie oben.

Aufgabe 2.19 Welche Vermutungen ergeben sich aus Ihren Untersuchungen?

(a) Jede Primzahl sollte sich als Summe von vier Quadraten schreiben lassen.

(b) Jede natürliche Zahl sollte sich als Summe von vier Quadraten schreiben lassen.

Literaturhinweis:

- A. Schmidt, Einführung in die algebraische Zahlentheorie, Springer 2007, Kapitel 2.4

3 Elementare Operationen mit Matrizen und Vektoren

Mathematische Inhalte:

kanonisches Skalarpodukt auf $\mathbb{R}^n$ bzw. $\mathbb{C}^n$, Determinante, Spur und Rang einer Matrix, Zufallsmatrizen, Basismatrizen, Vandermonde-Matrix

Stichworte (MAPLE):

Bibliotheken, Pakete, `packages`, `with`, `:` und `;`, Bibliothek `LinearAlgebra`, Datenstrukturen `Matrix`, `Vector`, `Array` und deren wichtigste Manipulationen, `RandomMatrix`

Es gibt für MAPLE so genannte Bibliotheken (oder Pakete, englisch `packages`), die für verschiedene Bereiche der Mathematik zusätzliche Befehle bereitstellen, zum Beispiel `numtheory` für Zahlentheorie, `LinearAlgebra` für die Lineare Algebra oder `group` für das Rechnen mit endlichen Gruppen. Eine Übersicht der Pakete finden Sie über die MAPLE-Hilfe. Geben Sie, um diese Hilfe aufzurufen, `?packages` ein und klicken Sie auf den link `index[package]`.

Bibliotheken werden bei Bedarf mit dem Befehl `with(Paketname):` von Hand geladen. Geben Sie den Befehl `packages()` (mit der leeren Klammer) ein, so erscheint als Ausgabe eine Liste der Pakete, die in der gegenwärtigen MAPLE-Sitzung geladen sind. Da manchmal Befehle gleichen Namens in verschiedenen Paketen unterschiedliche Bedeutungen besitzen, gibt es auch den Befehl `unwith(Paketname)`. Er sorgt dafür, dass die Befehle des Pakets `Paketname` im weiteren Verlauf der Sitzung nicht mehr berücksichtigt werden. Möchten Sie nur einen Befehl aus einem Paket verwenden, ohne das gesamte Paket zu laden, verwenden Sie die Syntax `Paketname[Befehlname]`. Nach der Eingabe des Befehls `restart` müssen Sie die Pakete, die Sie verwenden möchten, erneut laden.

Wenn Sie die Eingabe `with(PaketName);` mit einem Semikolon beenden, listet MAPLE alle in dieser Bibliothek neu definierten Objekte auf. Verwenden Sie diese Syntax, um sich einen Überblick über den Umfang des Paketes `LinearAlgebra` zu verschaffen.

Vie für andere Objekte auch, können Sie für Pakete eine Hilfe-
unktion aufrufen. Sehen Sie sich dazu mittels ?LinearAlgebra
ie Beschreibung der Bibliothek mit Funktionen zur linearen Al-
ebra an, die im Folgenden Verwendung findet. Wir werden uns
ier auf dieses Paket beziehen, nicht auf die inzwischen veralte-
e Bibliothek linalg oder die so genannte Studentenbibliothek
tudent[LinearAlgebra].

3.1 Syntax

3.1.1 Vektoren

Definieren wir zunächst (ohne das Paket LinearAlgebra zu laden)
Vektoren. Vergleichen Sie:

```
<1,2,3>;
<1|2|3>;
Vector([1,2,3]);
Vector(3,2);
Vector(3,i->2);
Vector(3,i->i);
Vector(5,i->i^2);
Vector(5,g);
Vector(5,i->g);
Vector(2);
Vector(2,i->f+I*h);
```

und wenden Sie jeweils whattype an.

Lesen Sie in der MAPLE-Hilfe unter den Einträgen zu I,
type/complex, Re, Im, conjugate und evalc nach, wie komplexe
Zahlen in MAPLE behandelt werden. Experimentieren Sie ein wenig,
tippen Sie etwa ein:

```
whattype(1/2 + I*1/2);  whattype(1/2 + I*0);
whattype(2.0 + I*1/2);  whattype(2 + I*2);
conjugate(2+I*3);  conjugate(a+I*b);
```

```
Re(2+I*4);  Re(a+I*b);  Im(a+I*b);
Complex(2,3);  Complex(2.0,3);


evalc(Re(a+I*b));  evalc(Im(a+I*b));
evalc(conjugate(a+I*b));
evalc(exp(x+I*y));
```

Aufgabe 3.1 Erhalten Sie bei Eingabe von `whattype(<1,2,3>);`
und `whattype(<1|2|3>);` dasselbe Ergebnis?

Zur Information: Auf englisch heißt Spalte *column*, Zeile heißt *row*.

Einzelne Einträge eines Vektors können Sie mithilfe von eckigen
Klammern auslesen, etwa gibt `v[2]` die zweite Komponente eines
Vektors v aus.
Geben Sie zur Probe ein:

```
ws:=<1,2,3>; wz:=<1|2|3>;
for i to 3 do print(ws[i]) od;
for i to 3 do print(wz[i]) od;
```

Aufgabe 3.2 Wahr oder falsch? Sei r in MAPLE über
`r:=Vector(3); r[2]:=1;` definiert. Dann gibt die erneute Eingabe r; den zweiten Vektor der kanonischen geordneten Einheitsbasis
von $\mathbb{R}^3$ aus.

Definieren Sie nun zwei Vektoren

```
v:=Vector(3,i->i^2);
w:=Vector(3,g);
```

Aufgabe 3.3 Geben Sie die zweite Komponente eines Vektors an,
der in MAPLE über `Vector(5,i->i^4);` definiert wurde. Überlegen
Sie, bevor Sie MAPLE einsetzen, anhand des obigen Beispiels, was
das Ergebnis ist!

Aufgabe 3.4 Geben Sie nun für die beiden oben definierten Vektoren v und w die Summe v+w; in MAPLE ein. Was ist die zweite Komponente der MAPLE-Ausgabe?

(a) g(2) + 4 oder 4 + g(2)
(b) g + 4 oder 4 + g
(c) Es erfolgt eine Fehlermeldung.

Überzeugen Sie sich davon, dass eine Fehlermeldung erscheint, wenn Sie versuchen, zwei Vektoren verschiedener Länge mithilfe von + zu addieren. Berechnen Sie auch 2*v; und 3*w.

Wir möchten nun das Paket **LinearAlgebra** verwenden und einige Standardoperationen von MAPLE für das Rechnen mit Vektoren kennenlernen. Geben Sie also zunächst with(LinearAlgebra): ein.

Aufgabe 3.5 Gibt Transpose(Vector(3)) einen Zeilen- oder einen Spaltenvektor aus?

Wenden Sie nun **Transpose** auf einen Vektor mit komplexen Einträgen an.

Aufgabe 3.6 Wird bei Anwendung des Befehls Transpose auf einen Vektor komplex konjugiert?

Die Länge eines Vektors kann man mit dem Befehl Dimension aus dem Paket **LinearAlgebra** bestimmen.

Betrachten Sie folgenden Code:

```
v:=Vector([13,2,4]);
Dimension(v);
sum('v[i]',i=1..Dimension(v));
add(v[i],i=1..Dimension(v));
v[1]+v[2]+v[3];
sum(v[i],i=1..Dimension(v));
```

Aufgabe 3.7 Was ist das Ergebnis der Eingabe
`sum(v[i],i=1..Dimension(v))`?

(a) 19
(b) *Error, bad index into Vector*
(c) *Error, wrong data structure*

Beachten Sie hierbei, dass sich die Syntax der alten Bibliothek
`linalg` in dieser Hinsicht von der neueren Bibliothek `LinearAlgebra`
(Version 10) unterscheidet. In der neuen Version muss man, wie wir
oben gesehen haben, den Befehl `add` verwenden, um die Komponenten von Vektoren zu addieren. Dagegen kann man, wenn `linalg`
geladen ist, auch den Befehl `sum(u[i],i=1..3)` verwenden, um etwa die Einträge des Vektors `u:=vector([13,2,4])` aufzusummieren. Beachten Sie auch, dass in der alten Bibliothek `vector` klein
geschrieben wurde.

Beachten Sie außerdem den Unterschied zur Manipulation von Funktionen. Für eine Funktion `f:=x->...` liefert sowohl die Eingabe
`add(f(i),i=1..3)` als auch `sum(f(i),i=1..3)` dasselbe Ergebnis
wie `f(1)+f(2)+f(3)`. Sehen Sie auch in der MAPLE-Hilfe nach, wann
Sie `add` beziehungsweise `sum` verwenden sollten.

3.1.2 Matrizen

Wir wollen nun Matrizen in MAPLE untersuchen. Laden Sie die Bibliothek `LinearAlgebra` und geben Sie ein:

```
A:=Matrix([[1,2,0,4],[5,1,4,8],[5,6,3,5]]);
B:=Matrix([[1,2,0],[4,5,1],[4,8,5],[6,3,5]]);
C:=Matrix([[1,2,0,2],[4,5,1,2],[4,8,5,2]]);
A+B;
A+C;
2*B;
```

alternativ kann man Matrizen auch durch ihre Spalten- bzw. Zeilenvektoren eingeben:

```
C1:=<<1,2,0>|<4,5,1>|<4,8,5>|<6,3,5>>;
C2:=<<1|2|0>,<4|5|1>,<4|8|5>,<6|3|5>>;
```

Aufgabe 3.8 Was ist richtig?

(a) Die Matrizen C1 und B stimmen miteinander überein.
(b) Die Matrizen C2 und B stimmen miteinander überein.
(c) Die Matrix C1 hat 3 Zeilen.
(d) Die Matrix C2 hat 3 Zeilen.
(e) Die Matrix C2 hat 3 Spalten.

Aufgabe 3.9 Geben Sie nun ein C3:=<<1,2,0>,<4,5,1>>;
C4:=<<1|2|0>|<4|5|1>>; Von welchem Typ sind C3 und C4?

(a) Beide sind vom Typ *Matrix*
(b) C3 ist vom Typ $Vector_{Column}$, C4 ist vom Typ $Vector_{Row}$

Aufgabe 3.10 Was gibt MAPLE für den Eintrag in der 2. Zeile und der 2. Spalte der Matrix m:=Matrix(4); aus?

Aufgabe 3.11 Führen Sie folgenden Code aus:

```
m1:=Matrix(4,Z);
Z:=(i,j)->x[i]^(j-1);
m1;
```

Ist die letzte Ausgabe dieselbe wie die, die Sie erhalten, wenn Sie stattdessen

```
m2:=Matrix(4,(i,j)->x[i]^(j-1));
```

eingeben?

Eine Matrix $M \in M(n \times n, \mathbb{C})$ mit Einträgen $m_{ij} = (a_i)^{j-1}$ für ein n-Tupel (komplexer) Zahlen $(a_i)_{i=1,\ldots,n}$ heißt Vandermonde-Matrix.

Geben Sie nun

```
M:=Matrix(4, shape=Vandermonde[<a,b,c,d>]);
```

ein und lesen Sie in der MAPLE-Hilfe den Eintrag zum Befehl shape.

Aufgabe 3.12 Was ist der Eintrag in der 2. Zeile und der 3. Spalte der oben definierten Matrix M?

(a) b^2

(b) c

(c) b^3

Überzeugen Sie sich nun davon, dass die drei Eingaben

```
Matrix(4,(i,j)->99);
Matrix(4,4,(i,j)->99);
Matrix(4,4,99);
```

dieselbe Matrix definieren. Betrachten Sie auch die Ausgabe von Matrix(4,99);

Aufgabe 3.13 Wird durch die beiden Eingaben Matrix(4,99) und Matrix(4,(i,j)->99) dieselbe Matrix definiert?

Wir können auch Matrizen definieren, deren Einträge vom Typ *Symbol* sind. Probieren Sie dazu folgenden Code aus:

```
L:=Matrix(2,symbol=b);
R:=Matrix(2,symbol=c);

L+R;
b[1,2]:=3;
L;
```

Aufgabe 3.14 Was ist nach Durchführen des obigen Codes der Eintrag in der 1. Zeile und 2. Spalte der Matrix L?

Geben Sie nun (direkt nach Durchführen des obigen Codes) folgende Befehle ein

```
L2:=Matrix(2,symbol=b);
L3:=Matrix(2,b);
L4:=Matrix(2,symbol=c);
```

Aufgabe 3.15 In welchen Fällen erhalten Sie eine Fehlermeldung?

(a) Bei der Definition von L2.
(b) Bei der Definition von L3.
(c) Bei der Definition von L4.

Aufgabe 3.16 Welcher Code erzeugt eine $n \times m$-Matrix, deren Elemente mit 1 beginnend zeilenweise fortlaufend durchnummeriert werden, also zum Beispiel $\begin{pmatrix} 1 & 2 & 3 \\ 4 & 5 & 6 \end{pmatrix}$?

(a) ```
    ma:=proc(n,m);
    Matrix(n,m,(i,j)->n*(i-1)+j)
    end;
    ```
(b) ```
    mb:=proc(n,m);
    Matrix(n,m,(i,j)->m*(i-1)+j)
    end;
    ```
(c) ```
    mc:=proc(n,m);
    Matrix(n,m,(i,j)->m*i+j)
    end;
    ```

Betrachten wir nun Basismatrizen, das heißt Matrizen $E^{(ij)} \in M(n \times m, K)$ über einem Körper $K$, deren einziger nicht-verschwindender Eintrag 1 in der $i$-ten Zeile und $j$-ten Spalte steht, also

$$\left( E^{(ij)} \right)_{pq} = \delta_{ip}\,\delta_{jq} \qquad \text{für alle } p,q \in \{1,\ldots,nm\}$$
    ```

mit dem Kroneckersymbol δ. Diese bilden eine Basis des K-Vektorraums $M(n \times m, K)$.

Aufgabe 3.17 Welche der folgenden Routinen `M:=proc(n,m,l)` gibt für $l \in \{1, \ldots, nm\}$ obige nm Basismatrizen aus?

(a) `M:=proc(n,m,l);`
     `Matrix(n,m,(i,j)->if m*(i-1)+l=j then 1 else 0 fi)`
     `end;`

(b) `M:=proc(n,m,l);`
     `Matrix(n,m,(i,j)->if m*(i-1)+j=l then 1 else 0 fi)`
     `end;`

(c) `M:=proc(n,m,l);`
     `Matrix(n,m,(i,j)->`
     `        if n*(i-1)+j+l=0 then 1 else 0 fi)`
     `end;`

Sehen Sie sich in der MAPLE-Hilfe die Befehle `RowDimension`, `ColumnDimension` und `Dimension` an.

Aufgabe 3.18 Sei `v:=<1|2|3>` ein Zeilenvektor. Welche/r Befehl/e gibt Ihnen die Länge dieses Vektors an?

(a) `RowDimension(v);`
(b) `ColumnDimension(v);`
(c) `Dimension(v);`

Aufgabe 3.19 Was gibt `RowDimension(Matrix(2,5,z))` aus?

Um die Einträge einer Matrix auszulesen, verwendet man wiederum eckige Klammern `[ ]`. Beantworten Sie dazu die folgende Frage:

Aufgabe 3.20 Sei `A` vom Typ `Matrix`. Welchen Eintrag gibt `A[1,2]` aus?

(a) den Eintrag in der ersten Spalte und der zweiten Zeile
(b) den Eintrag in der ersten Zeile und der zweiten Spalte

Probieren Sie auch folgenden Code aus:

```
C:=Matrix(4);
C[1,2]:=3;
C;
add(C[i,1],i=1..4);
```

Aufgabe 3.21 Was ist das Ergebnis von
`add(add(C[i,j],i=1..4),j=1..2);` ?

Aufgabe 3.22 Von welchem Typ sind die *Einträge* der Matrizen
```
Matrix(4,3,symbol=b);
Matrix(4,3,b);
Matrix(4,3,(i,j)->b);  ?
```

(a) *indexed – indexed – symbol*
(b) *indexed – function – symbol*
(c) *Matrix – Matrix – Matrix*

Wir können aus einer Matrix auch Vektoren auslesen. Betrachten Sie zur Veranschaulichung die Ausgabe von folgendem Code

```
C1:=<<1,2,0>|<4,5,1>|<4,8,5>|<6,3,5>>;
C1[1..3,2];
C1[2,1..2];
```

Aufgabe 3.23 Definieren Sie für eine 4×4-Matrix W die Funktionen
`v1:=i->W[1..4,i]` und `v2:=i->W[i,1..4]` Was stimmt?

(a) `v1(i)` gibt die i-te Spalte und `v2(i)` die i-te Zeile von W aus.
(b) `v1(i)` gibt die i-te Zeile und `v2(i)` die i-te Spalte von W aus.
(c) `v2(3)` ist vom Typ $Vector_{row}$.

Beachten Sie, dass Sie wegen der Datenstruktur von `v1(2)` nach wie vor mit eckigen Klammern die Einträge der ausgelesenen Spalten bzw. Zeilen auslesen können. Tippen Sie etwa `v1(2)[3]` ein.

Geben Sie nun folgenden Code ein:

```
restart;
with(LinearAlgebra);
7*IdentityMatrix(3);
IdentityMatrix(3,2);
m:=Matrix(4,3,t);
9+m;
```

Aufgabe 3.24 Sei eine Matrix m:=Matrix(4,3,t); definiert. Kürzt
9+m den Code 9*IdentityMatrix(4,3)+m ab?

3.1.3   Produkte

Sehen Sie zunächst in der Hilfe unter LinearAlgebra[DotProduct]
nach, wie das kanonische Skalarprodukt in MAPLE implementiert ist.
Geben Sie ein:

```
uz:=<x|2|3>; us:=<x,2,3>;
vz:=<2|3+2*I|4>; vs:=<2,3+2*I,4>;

with(LinearAlgebra):

DotProduct(uz,vz);
DotProduct(vz,uz);

DotProduct(us,vs);
DotProduct(vs,us);
```

Vergleichen Sie dies mit der Ausgabe, die Sie erhalten, wenn Sie die
Option conjugate verwenden. Geben Sie dazu etwa ein:

```
DotProduct(uz,vz, conjugate=false);
DotProduct(uz,vz, conjugate=true);
```

Aufgabe 3.25 Ist das im Paket LinearAlgebra vordefinierte Skalarprodukt DotProduct für zwei Spaltenvektoren standardmäßig im
ersten oder im zweiten Argument linear?

Aufgabe 3.26 Ist das im Paket `LinearAlgebra` vordefinierte Skaarprodukt `DotProduct` für zwei Zeilenvektoren standardmäßig im ersten oder im zweiten Argument linear?

Vorsicht: Probieren Sie aus oder sehen Sie in der Hilfe nach, in welchen Fällen komplex konjugiert wird, wenn zwei Vektoren verschiedenen Typs (Spalten- bzw. Zeilenvektoren) eingegeben werden!
Überzeugen Sie sich davon, dass man das Skalarprodukt zweier Vektoren *vom selben Typ* auch abkürzend durch einen Punkt . aufrufen kann, also z.B. durch die Eingabe `us.vs`. Wir werden weiter unten nochmals auf diese Schreibweise zurückkommen.

Das Produkt zweier Matrizen ist im Paket `LinearAlgebra` unter anderem durch den Befehl `MatrixMatrixMultiply` implementiert. Betrachten Sie dazu wieder einige Beispielmatrizen

```
A:=Matrix([[1,2,0,4],[5,1,4,8],[5,6,3,5]]);
B:=Matrix([[1,2,0],[4,5,1],[4,8,5]],[6,3,5]);
C:=Matrix([[1,2,0,2],[4,5,1,2],[4,8,5,2]]);
E:=Matrix([[1,2,0],[4,5,1],[4,8,5]]);
```

Da das Symbol D in MAPLE reserviert ist (siehe Abschnitt 8.1), haben wir hier die vierte Matrix mit E bezeichnet, auch wenn diese nicht die Einheitsmatrix ist. Geben Sie ein:

```
MatrixMatrixMultiply(A,B);
MatrixMatrixMultiply(B,A);
MatrixMatrixMultiply(E,A);
```

Überzeugen Sie sich davon, dass es zu einer Fehlermeldung kommt, wenn Sie Matrizen falscher Größen miteinander multiplizieren möchten, etwa indem Sie `MatrixMatrixMultiply(A,E)` eingeben.

Aufgabe 3.27 Geben Sie den Eintrag $(EA)_{33}$ an.

Nicht nur das Skalarprodukt, sondern auch das Matrixprodukt kann man mithilfe von . abkürzen. Testen Sie:

```
A.B;
B.A;
E.A;
A.E;
```

Wir können in MAPLE auch Matrizen miteinander multiplizieren, deren Einträge Symbole sind. Probieren Sie folgenden Code aus:

```
L:=Matrix(2,symbol=b);
R:=Matrix(2,symbol=c);
M:=L.R;
```

Auch Vektoren können in MAPLE mit Matrizen multipliziert werden. Dies geschieht entweder mithilfe der Befehle `MatrixVectorMultiply` und `VectorMatrixMultiply` aus dem `LinearAlgebra`-Paket (siehe Hilfe) oder wiederum mithilfe des Kürzels .

Definieren Sie zur Veranschaulichung zunächst

```
q1:=<1+I*4|2+3*I|0>;
q2:=<1+I*4,2+3*I,0>;
```

Aufgabe 3.28 Geben Sie an, für wie viele der acht Produkte
```
A.q1; B.q1; q1.A; q1.B; A.q2; B.q2; q2.A; q2.B;
```
mit A und B definiert wie oben *keine* Fehlermeldung ausgegeben wird.

Verwenden Sie zur Probe auch die Befehle `MatrixVectorMultiply` und `VectorMatrixMultiply`.

Betrachten Sie nochmals die zu Beginn dieses Abschnitts definierten Vektoren vs, vz, us, uz wie oben und testen Sie:

```
uz.vs;
us.vz;
```

Wird hier das Skalarprodukt oder das Matrixprodukt gebildet? Wird komplex konjugiert?

Aufgabe 3.29 Wahr oder falsch? Sei v vom Typ $Vector_{column}$ und w vom Typ $Vector_{row}$. Dann sind v.w und w.v Skalare.

3.1.4 Arrays

Betrachten Sie nun eine den Matrizen ähnliche Datenstruktur, den so genannten Array. Das ist eine zweidimensionale Tafel, in deren Spalten und Zeilen Einträge gemacht werden können.
Geben Sie zur Veranschaulichung folgenden Code ein:

```
restart;
C1:=Array(1..3,1..4);
for i to 3 do for j to 4 do C1[i,j] := i^2 od; od;
C1;
4*C1;
C1[2,3];
C2:=Array([[1,2,3,5],[1,2,3,5],[4,5,6,7]]);
C1+C2;
C3:=Array(1..4,1..3);
for i to 4 do for j to 3 do C3[i,j] := u(i,j) od; od;
C3;
C:=Array([[1,2,3],[4,5,6]]);
```

Aufgabe 3.30 Wie viele Zeilen hat der Array C?

Aufgabe 3.31 Seien A und B zwei Arrays. Sind die Einträge S[i,j] von S:=A + B wie bei Matrizen gleich A[i,j]+B[i,j]?

Aufgabe 3.32 Sei in MAPLE ein Array A gegeben. Sind die Einträge P[i,j] von P:=3*A wie bei Matrizen gleich 3*A[i,j]?

Aufgabe 3.33 Sei A eine in MAPLE definierte 3×4-Matrix, C ein 3×4-Array. Liefert die Addition A + C eine Fehlermeldung?

Aufgabe 3.34 Sei in MAPLE ein `Array` C gegeben. Bleiben die Einträge von C außerhalb der Diagonalen unverändert, wenn man 9+C eingibt?

Wir möchten nun das Produkt zweier `Arrays` mit dem Matrizenprodukt vergleichen. Geben Sie dazu für die oben definierten `Arrays` C1 und C3 ein:

```
C1.C1;
C1.C3;
```

Aufgabe 3.35 Seien 3 Arrays

```
C1:=Array([[1,2,3,5],[4,5,6,7]]);
C2:=Array([[4,5,6,7],[1,2,3,5]]);
C3:=Array([[1,2],[3,5],[4,5],[6,7]]);
```

gegeben. Welcher Code ergibt eine Fehlermeldung?

(a) C1.C2
(b) C1.C3

Aufgabe 3.36 Ergibt das in MAPLE definierte Produkt . zweier Arrays dasselbe Ergebnis wie das Matrixprodukt?

3.2 Zufallsmatrizen

Wir erzeugen uns nun mithilfe von MAPLE Matrizen mit zufällig gewählten Einträgen:

```
restart;
with(LinearAlgebra):
C:=RandomMatrix(4,5);
Q:=RandomMatrix(4);
```

hre Einträge werden von MAPLE gleichverteilt aus den ganzen Zahen zwischen −99 und 99 gewählt.

Aufgabe 3.37 Wie viele Zeilen hat die in MAPLE definierte Matrix RandomMatrix(4,5)

Aufgabe 3.38 Von welchem Typ sind die Einträge einer mithilfe von RandomMatrix erzeugten Matrix?

(a) *integer*

(b) *float*

(c) *symbol*

Nehmen Sie an, Sie möchten sich Matrizen verschiedener Größe mit zufällig gewählten, nicht-negativen bzw. positiven Einträgen erzeugen. Überlegen Sie sich, ob es sinnvoll ist, mithilfe von RandomMatrix beliebige Zufallsmatrizen zu erzeugen, und dann unter diesen diejenigen mit positiven bzw. nicht-negativen Einträgen auszuwählen.

Aufgabe 3.39 Überlegen Sie sich, wie Sie alternativ vorgehen können.

Hinweis: Denken Sie daran, dass Sie wissen, dass der kleinste mögliche Eintrag in einer mithilfe von RandomMatrix erzeugten Matrix −99 ist!

3.3 Determinante, Spur und Rang

3.3.1 Die Determinantenfunktion

Beantworten Sie zunächst (ohne MAPLE zu verwenden) folgende Fragen zur Determinantenfunktion det und zur Spurfunktion tr. Sei K ein Körper.

Aufgabe 3.40 Wahr oder falsch? Sei $A \in M(n \times n, K)$ eine $n \times n$-Matrix über einem beliebigen Körper K. Dann gilt: $\det A = 0$ genau dann, wenn $\operatorname{rg} A < n$, wobei rg den Rang der Matrix bezeichnet.

Aufgabe 3.41 Wahr oder falsch? Sei $A \in M(n \times n, K)$ eine obere Dreiecksmatrix. Dann ist $\det A$ gleich dem Produkt der Diagonaleinträge von A.

Aufgabe 3.42 Seien Spaltenvektoren $a_1, \ldots, a_n$ gegeben, die eine Orthonormalbasis von $\mathbb{R}^n$ bezüglich des Standardskalarprodukts bilden. Gilt dann $\det(a_1, \ldots, a_n) \in \{-1, 1\}$?

Aufgabe 3.43 Was ist richtig?
Für alle $A, B \in M(n \times n, K)$ und $s \in K$ gilt

(a) $\det(A + B) = \det A + \det B$

(b) $\det(AB) = \det A \cdot \det B$

(c) $\det(sA) = s^n \det A$

(d) $\det(sA) = s \det A$

(e) $\det(A^t) = \det A$, wobei A^t die zu A transponierte Matrix bezeichnet.

Aufgabe 3.44 Seien n linear unabhängige Vektoren a_i eines n-dimensionalen Vektorraums gegeben. Geben Sie den Koeffizienten c in $\det(a_1, \ldots, a_i, a_{i+1}, \ldots, a_n) = c \det(a_1, \ldots, a_{i+1}, a_i, \ldots, a_n)$ an.

Aufgabe 3.45 Was ist richtig?
Für alle $A, B \in M(n \times n, K)$ und $s \in K$ gilt

(a) $\text{tr}(A + B) = \text{tr} A + \text{tr} B$

(b) $\text{tr}(AB) = \text{tr} A \cdot \text{tr} B$

(c) $\text{tr}(AB) = \text{tr}(BA)$

(d) $\text{tr}(ABC) = \text{tr}(BCA)$

(e) $\text{tr}(ABC) = \text{tr}(CBA)$

(f) $\text{tr}(sA) = s^n \text{tr} A$

(g) $\text{tr}(sA) = s \text{tr} A$

(h) $\text{tr}(A^t) = \text{tr} A$

n MAPLE wird die Determinante einer quadratischen Matrix mit dem Befehl `Determinant`, die Spur mit dem Befehl `Trace` aus der Bibliothek `LinearAlgebra` berechnet. Der Rang einer Matrix wird in MAPLE mithilfe des Befehls `Rank` berechnet.

Überlegen Sie sich zunächst, ohne MAPLE zu verwenden, welche Ausgabe der folgende Code produziert, bevor Sie ihn ausprobieren!

```
restart;
with(LinearAlgebra):
A := Matrix(3,3,(i,j)->(2*i)^(j-1));
Determinant(A);
```

Aufgabe 3.46 Geben Sie die Determinante der oben definierten Matrix A an.

Betrachten Sie nun $n \times n$-Vandermonde-Matrizen

```
M:=n->Matrix(n,(i,j)->x[i]^(j-1));
```

Lassen Sie sich M(n) zum Beispiel für $n = 2, 3, 6$ ausgeben. Berechnen Sie mithilfe von `Determinant` die jeweilige Determinante. Bringen Sie die Determinanten mithilfe des Befehls `factor`, der ein Polynom über $\mathbb{Z}$ faktorisiert, auf eine besonders einfache Form.

Aufgabe 3.47 Welche Vermutung ergibt sich aus Ihren Untersuchungen? Die Determinante einer Vandermonde-Matrix $M \in M(n \times n, K)$ mit Einträgen $m_{ij} = (x_i)^{j-1}$ ist gleich

(a) $(-1)^{n(n-1)/2} \prod_{1 \le l < k \le n} (x_l - x_k)$

(b) $(-1)^n \prod_{1 \le l < k \le n} (x_l - x_k)$

(c) $\prod_{1 \le l \ne k \le n} (x_l - x_k)$.

Versuchen Sie, Ihre Vermutung zu beweisen. Hinweis: [Fischer, Abschnitt 3.2.7].

Schreiben Sie nun eine Routine, die Ihnen eine $n \times n$-Matrix D_n konstruiert, auf deren Nebendiagonale jeweils eine 1 steht, sonst überall 0, d.h. $a_{ij} = 0$ außer für $i + j = n + 1$. Überlegen Sie sich, was Spur und Determinante dieser Matrizen in Abhängigkeit von n sind und überprüfen Sie Ihre Vermutung an Beispielen.

Aufgabe 3.48 Welche der folgenden Aussagen über die Spur der Matrizen D_n ist für beliebiges $n \in \mathbb{N}$ richtig?

(a) $\operatorname{tr}(D_n) = 0$
(b) $\operatorname{tr}(D_n) = n$
(c) $\operatorname{tr}(D_n) = (1 - (-1)^n)/2$
(d) $\operatorname{tr}(D_n) = (1 + (-1)^n)/2$

Aufgabe 3.49 Was stimmt? Die Determinante von D_n ist gleich

(a) -1
(b) $(-1)^n$
(c) $(-1)^{n(n-1)/2}$
(d) $(-1)^{n(n+1)/2}$

Testen Sie eine große Zahl (zum Beispiel 50) zufällig erzeugter quadratischer Matrizen daraufhin, ob ihre Determinante verschwindet. Überlegen Sie sich zuerst, was Sie erwarten. Verwenden Sie dann den Code

```
for i to 50 do if Determinant(RandomMatrix(5))=0
              then print(null)
              else print(nichtnull)
          fi
      od;
```

Betrachten Sie auch Matrizen anderer Größe als 5×5.

Aufgabe 3.50 Sind von MAPLE zufällig erzeugte Matrizen überwiegend invertierbar?

3.3.2 Rang

Wir möchten uns nun mit dem Rang von Matrizen befassen. Beantworten Sie zunächst (ohne MAPLE zu verwenden) folgende Fragen:

Aufgabe 3.51 Wahr oder falsch? Sei $A \in M(n \times n, K)$. Dann existiert das Inverse A^{-1} von A genau dann, wenn $\text{rg}(A) = n$.

Aufgabe 3.52 Sei K ein beliebiger Körper. Sei n fest gewählt. Für wie viele Matrizen $M \in M(n \times n, K)$ gilt $\text{rg}(M) = 0$?

Aufgabe 3.53 Wahr oder falsch? Sind alle Einträge einer Matrix mit nicht-verschwindender Determinante reell, so gilt dies auch für die zu ihr inverse Matrix.

Aufgabe 3.54 Sei K ein beliebiger Köper. Geben Sie den Rang der Schachbrett-Matrix $A \in M(n \times n, K)$ mit $A_{ij} = \begin{cases} 1 & \text{für } i + j \text{ gerade} \\ 0 & \text{sonst} \end{cases}$ für $n \geq 2$ an.

Aufgabe 3.55 Betrachten Sie die Matrix $B = \begin{pmatrix} 1 & 2 \\ 2 & 1 \end{pmatrix}$. Was stimmt?

(a) B ist über dem Körper $\mathbb{F}_3$ mit drei Elementen invertierbar.
(b) B ist über $\mathbb{R}$ invertierbar.

Aufgabe 3.56 Geben Sie den Rang von B über dem Körper $\mathbb{F}_3$ mit drei Elementen an.

Aufgabe 3.57 Geben Sie den Rang von B über $\mathbb{R}$ an.

Aufgabe 3.58 Gibt es eine Matrix mit ganzzahligen Einträgen, die über $\mathbb{F}_3$ invertierbar ist, aber nicht über $\mathbb{R}$?

Im `LinearAlgebra`-Paket von MAPLE ist die Routine `MatrixInverse` enthalten. Berechnen Sie mithilfe dieser Routine zum Beispiel das Inverse zur oben definierten Matrix B.

Aufgabe 3.59 Welche Ausgabe produziert MAPLE, wenn man `MatrixInverse` auf eine nicht-invertierbare Matrix anwendet?

  (a) `FAIL`
  (b) `Error, (in LinearAlgebra:-LA_Main:-MatrixInverse)`
      `singular matrix`
  (c) `0`

Für nicht-quadratische Matrizen $A \in M(n \times m, K)$ kann es immer noch einseitige Inverse geben. Dabei unterscheidet man linksinverse und rechtsinverse Matrizen. $B \in M(m \times n, K)$ heißt zu A linksinverse Matrix, wenn BA die Einheitsmatrix $\in M(m \times m, K)$ ist und zu A rechtsinverse Matrix, wenn AB die Einheitsmatrix $\in M(n \times n, K)$ ist. Existieren sowohl die rechts- als auch die linksinverse Matrix, so sind sie gleich und die Matrix A ist quadratisch.

Aufgabe 3.60 Sei $A \in M(n \times m, \mathbb{R})$. Was stimmt? `MatrixInverse(M)` berechnet

  (a) die linksinverse Matrix zu A, wenn $n < m$.
  (b) die rechtsinverse Matrix zu A, wenn $n > m$.
  (c) die rechtsinverse Matrix zu A, wenn $n < m$.
  (d) die linksinverse Matrix zu A wenn $n > m$.

Um das Inverse einer Matrix A über endlichen Körpern zu berechnen, bietet MAPLE die Routine `Inverse(A) mod n` an.

Aufgabe 3.61 Erhalten Sie eine Fehlermeldung, wenn Sie nverse(B) mod 3 auf

$$B = \begin{pmatrix} 0 & 1 & 1 & 2 \\ 1 & 1 & 0 & 1 \\ 2 & 1 & 1 & 0 \\ 1 & 2 & 1 & 0 \end{pmatrix}$$

anwenden?

Aufgabe 3.62 Berechnen Sie Inverse(B) mod 7 und geben Sie den Eintrag in der ersten Zeile und ersten Spalte an.

Wenden Sie Inverse(A) mod 17 auch auf die Matrix A:=Matrix(2,symbol=a) an.

Untersuchen Sie nun mithilfe von MAPLE und auf dem Papier folgende Frage:

Aufgabe 3.63 Sei A eine Matrix mit ganzzahligen Einträgen. Welche Aussagen sind korrekt?

(a) Ist A für jede Primzahl p invertierbar modulo p, so ist $\det A = 1$

(b) Ist A für jede Primzahl p invertierbar modulo p, so ist $\det A \in \{-1, 1\}$

(c) Ist die ganze Zahl $\det A$ von Null verschieden, so ist A für höchstens endlich viele Primzahlen p nicht invertierbar modulo p.

4 Gauß'sches Eliminations-Verfahren und Cramersche Regel

Mathematische Inhalte:

Lineare Gleichungssysteme, Gauß'sches Eliminationsverfahren, Cramersche Regel

Stichworte (MAPLE):

`LinearSolve`, `GaussianElimination`, Redefinition von Matrix-Einträgen, nicht explizite Ausgabe von Ergebnissen, `save`

In diesem Kapitel wollen wir MAPLE zur Lösung linearer Gleichungssysteme heranziehen und dabei insbesondere das Gaußsche Eliminationsverfahren sowie die Effizienz der Cramerschen Regel untersuchen.

4.1 Lineare Gleichungssysteme

Beantworten Sie zunächst ohne MAPLE zu verwenden, die folgenden allgemeinen Fragen zu linearen Gleichungssystemen. Die Theorie linearer Gleichungssysteme gilt für alle Körper gleichermaßen. Um die theoretischen Fragen besser formulieren zu können, setzen wir jedoch voraus, dass der Körper $\mathbb{K}$ unendlich viele Elemente hat; bei Aufgaben, die mit MAPLE bearbeitet werden sollen, ist stets der Körper der komplexen Zahlen gemeint, $\mathbb{K} = \mathbb{C}$.

Aufgabe 4.1 Sei $A \in M(m \times n, \mathbb{K})$. Was gilt für die Lösungsmenge $\{x \in \mathbb{K}^n \mid Ax = 0\}$ des linearen Gleichungssystems $Ax = 0$?

(a) Die Lösungsmenge kann leer sein.
(b) Die Lösungsmenge enthält unabhängig von A genau ein Element.
(c) Die Lösungsmenge kann unendlich viele Elemente enthalten.

Aufgabe 4.2 Sei $A \in M(n \times n, \mathbb{K})$ eine *quadratische* Matrix. Was gilt für die Lösungsmenge $\{x \in \mathbb{K}^n \mid Ax = 0\}$ des linearen Gleichungssystems $Ax = 0$?

(a) Die Lösungsmenge kann leer sein.

(b) Die Lösungsmenge besteht aus einem Element genau dann, wenn $\det A \neq 0$.

(c) Die Lösungsmenge kann unendlich viele Elemente enthalten.

Aufgabe 4.3 Sei $A \in M(m \times n, \mathbb{K})$. Was gilt für die Lösungsmenge $\{x \in \mathbb{K}^n \mid Ax = b\}$ des inhomogenen linearen Gleichungssystems $Ax = b$ mit $b \in \mathbb{K}^m$, $b \neq 0$?

(a) Die Lösungsmenge kann leer sein.

(b) Die Lösungsmenge enthält mindestens ein Element und höchstens endlich viele.

(c) Die Lösungsmenge kann unendlich viele Elemente enthalten.

Aufgabe 4.4 Sei $A \in M(n \times n, \mathbb{K})$ eine *quadratische* Matrix. Was gilt für die Lösungsmenge des inhomogenen linearen Gleichungssystems $Ax = b$ mit $b \in \mathbb{K}^n$, $b \neq 0$?

(a) Die Lösungsmenge kann leer sein.

(b) Die Lösungsmenge enthält mindestens ein Element und höchstens endlich viele.

(c) Ist die Lösungsmenge nicht leer, so besteht sie aus einem Element genau dann, wenn $\det A \neq 0$.

(d) Die Lösungsmenge kann unendlich viele Elemente enthalten.

Aufgabe 4.5 Sei $A \in M(n \times n, \mathbb{K})$ eine quadratische Matrix, $b \in \mathbb{K}^n$, $b \neq 0$. Wie groß ist allgemein die *Dimension* des affinen Lösungsraumes $\{x \in \mathbb{C}^n \mid Ax = b\}$ unter der Voraussetzung, dass dieser nicht leer ist?

(a) Gleich der Dimension des Bildes von A.

(b) Gleich der Dimension des Kernes von A.

(c) Gleich der Differenz der Dimensionen von Bild und Kern von A.

4.2 Das Gauß-Verfahren

Betrachten wir nun das Gauß-Verfahren zur Lösung linearer Gleichungssysteme, siehe etwa [Fischer, Kap 0.4]. Beantworten Sie zunächst die folgenden Fragen (ohne MAPLE zu verwenden).

Sei (A, b) mit $A \in M(m \times n, \mathbb{C})$, $b \in \mathbb{C}^m$ die erweiterte Koeffizientenmatrix eines linearen Gleichungssystems

$$Ax = b \tag{4.1}$$

Hierbei sei A eine Matrix von der folgenden Form:

$$(A, b) = \left(\begin{array}{ccccccc|c}
a_{11} & & & & & * & & b_1 \\
0 & a_{22} & & & & & & b_2 \\
& 0 & \ddots & & & & & \vdots \\
& & 0 & a_{rr} & \dots & a_{rn} & & b_r \\
& & & 0 & \dots & 0 & & b_{r+1} \\
& & 0 & & & & & \vdots \\
& & & & & & & b_m
\end{array} \right)$$

Es gelte also für die Diagonalelemente $a_{ii} \neq 0$ für alle $i \in \{1, \dots, r\}$. Alle Einträge der $r + 1$-ten, $r + 2$-ten bis m-ten Zeile von A seien null, und unterhalb der Hauptdiagonalen mögen alle Einträge verschwinden.

Aufgabe 4.6 Wahr oder falsch? $r = \text{rang} A$

Aufgabe 4.7 Wahr oder falsch? Das Gleichungssystem (4.1) ist genau dann lösbar, wenn $r = m$ oder wenn $r < m$ und $b_{r+1} = b_{r+2} = \dots = b_m = 0$ gilt.

Aufgabe 4.8 Wie groß ist für $b \neq 0$ die *Dimension* des affinen Lösungsraumes $\{x \mid Ax = b\}$ von (4.1) unter der Voraussetzung, dass er nicht leer ist?

(a) $r - n$

(b) $n - r$

(c) Darüber kann man keine Aussage machen.

Wir betrachten nun etwas allgemeiner eine Matrix $A \in M(m \times n, \mathbb{C})$, die in so genannter Zeilenstufenform vorliegen soll, vergleiche [Fischer, Kap 0.4.3]. Das heißt zum einen, dass in den ersten r Zeilen nicht nur Nullen stehen, aber alle Elemente der letzten $m - r$ Zeilen verschwinden. Zum anderen betrachten wir für jedes $i \in \{1, 2, \ldots, r\}$ den niedrigsten Index j_i einer Spalte, für den $a_{ij_i} \neq 0$ gilt. Die Stufenbedingung an A ist dann

$$j_1 < j_2 < \ldots < j_r \,.$$

Der Fall $j_1 = 1, j_2 = 2, \ldots j_r = r$ entspricht dann der eingangs betrachteten Form von A.

Aufgabe 4.9 Was ist richtig? Eine beliebige Matrix $A \in M(m \times n, \mathbb{C})$ kann

(a) durch elementare Zeilenumformungen, also das Vertauschen zweier Zeilen sowie Addition des λ-fachen der i-ten Zeile zur k-ten Zeile mit $\lambda \in \mathbb{R}$, $\lambda \neq 0$, $i \neq k$, in Zeilenstufenform gebracht werden.

(b) im allgemeinen nicht durch elementare Zeilen- oder Spaltenumformungen in Zeilenstufenform gebracht werden.

Aufgabe 4.10   Seien (A, b) und $(\tilde{A}, \tilde{b})$ zwei erweiterte Koeffizientenmatrizen. Was ist richtig?

(a) Geht $(\tilde{A}, \tilde{b})$ durch elementare Zeilenumformungen aus (A, b) hervor, so ist der Lösungsraum des linearen Gleichungssystems $Ax = b$ gleich dem von $\tilde{A}x = \tilde{b}$.

(b) Geht $(\tilde{A}, \tilde{b})$ durch elementare Spaltenumformungen aus (A, b) hervor, so ist der Lösungsraum des linearen Gleichungssystems $Ax = b$ gleich dem von $\tilde{A}x = \tilde{b}$.

Überlegen Sie sich nun noch: Gegeben eine erweiterte Koeffizientenmatrix $(\tilde{A}, b)$ mit $\tilde{A}$ in Zeilenstufenform, so kann man durch Umnummerieren der Variablen des zugehörigen Gleichungssystems die Matrix $\tilde{A}$ in die Form einer Matrix A in Zeilenstufenform mit $a_{ii} \neq 0$ für $i = 1, \ldots, r$ bringen.

Wir können diesen Fall immer durch Umnummerieren der Spalten erreichen. Da dies aber einer Umbenennung der Unbekannten im linearen Gleichungssystem entspricht, führt die MAPLE-Routine `GaussianElimination` diese Operation sinnvoller Weise nicht aus.

Laden Sie nun die Bibliothek `LinearAlgebra`. In dieser findet sich der Befehl `GaussianElimination`, der eine Matrix in Zeilenstufenform bringt. Sehen Sie sich dazu den Eintrag in der MAPLE-Hilfe an. Wir betrachten zunächst das lineare Gleichungssystem

$$\begin{pmatrix} 3 & 7 & 9 \\ 1 & 3 & 7 \\ 5 & 11 & 11 \end{pmatrix} x = \begin{pmatrix} 4 \\ 2 \\ 6 \end{pmatrix} , \quad x \in \mathbb{R}^3 \qquad (4.2)$$

Probieren Sie aus:

```
  # erweiterte Koeffizientenmatrix:
 A1:=Matrix([[3,7,9,4],[1,3,7,2],[5,11,11,6]]);
  # Zeilenstufenform der erweiterten Koeffizientenmatrix
 B1 := GaussianElimination(A1);
 B2 := GaussianElimination(A1,method=FractionFree);
```

Sehen Sie sich in der MAPLE-Hilfe an, was die Option `FractionFree` bewirkt.

Die Multiplikation mit einem Skalar erhält sicher dann die Lösungsmenge eines linearen Gleichungssystem, wenn der Skalar ein Inverses
hat. Dies ist für alle von Null verschiedenen Elemente eines Körpers
der Fall. Arbeitet man allgemeiner über Ringen, etwa den ganzen
Zahlen oder dem Polynomring über einem Körper, so erhält die Multiplikation mit einem Skalar die Lösungsmenge nicht unbedingt.

Aufgabe 4.11 Welche Umformung neben den in Aufgabe 4.9 genannten Umformungen lässt man zu, damit in der Zeilenstufenform
der erweiterten Koeffizientenmatrix keine Brüche auftreten, sich aber
dennoch die Lösungsmenge des zugehörigen Gleichungssystems nicht
ändert?

(a) Multiplikation von Zeilen mit Skalaren $\lambda \neq 0$.
(b) Multiplikation von Spalten mit Skalaren $\lambda \neq 0$.

Bestimmen Sie nun die Lösung des linearen Gleichungssystems (4.2)
mithilfe der oben bestimmten Matrix C1.

Aufgabe 4.12 Was ist richtig?

(a) Das Gleichungssystem (4.2) besitzt keine Lösung.
(b) Das Gleichungssystem (4.2) besitzt genau eine Lösung.
(c) Der affine Lösungsraum des Gleichungssystems (4.2) ist eindi-
    mensional.
(d) Alle Lösungen des Gleichungssystems (4.2) sind von der Form

$$\begin{pmatrix} -1 \\ 1 \\ 0 \end{pmatrix} + t \begin{pmatrix} 11 \\ -6 \\ 1 \end{pmatrix}, \quad t \in \mathbb{R} \quad .$$

Verwenden Sie `GaussianElimination`, um die folgenden Fragen zu beantworten.

Aufgabe 4.13 Ist das Gleichungssystem

$$\begin{pmatrix} 1 & 2 & 3 \\ 2 & 1 & 3 \\ -1 & 1 & 0 \end{pmatrix} x = \begin{pmatrix} 1 \\ 1 \\ 1 \end{pmatrix}, \quad x \in \mathbb{R}^3$$

lösbar?

Aufgabe 4.14 Ist das Gleichungssystem

$$\begin{pmatrix} 1 & 2 & 3 & 4 \\ 2 & 1 & 3 & 3 \\ -1 & 1 & 0 & 0 \end{pmatrix} x = \begin{pmatrix} 1 \\ 1 \\ 1 \end{pmatrix}, \quad x \in \mathbb{R}^4 \qquad (4.3)$$

lösbar?

Aufgabe 4.15 Ist das Gleichungssystem (4.3) *eindeutig* lösbar?

Aufgabe 4.16 Ist das Gleichungssystem

$$\begin{pmatrix} 0 & 0 & 1 & 2 \\ 0 & 3 & 4 & 5 \\ 0 & 6 & 7 & 8 \\ 0 & 9 & 9 & 9 \end{pmatrix} x = \begin{pmatrix} 9 \\ 9 \\ 9 \\ 9 \end{pmatrix}, \quad x \in \mathbb{R}^3$$

lösbar?

Aufgabe 4.17 Für welche $s \in \mathbb{R}$ ist das Gleichungssystem

$$\begin{pmatrix} 1 & 2 & 1 \\ 2 & 12 & 7 \\ 1 & 10 & 6 \end{pmatrix} x = \begin{pmatrix} 12\,s \\ 7+12\,s \\ 8+7\,s \end{pmatrix}, \quad x \in \mathbb{R}^3$$

lösbar?

(a) für beliebige $s \in \mathbb{R}$.
(b) genau für $s = -7$.
(c) für alle $s \in \mathbb{R}$ mit $s \neq -7$.
(d) genau für $s = -\frac{1}{7}$.

Es gibt in der Bibliothek `LinearAlgebra` eine effiziente Routine `LinearSolve` zur Lösung eines allgemeinen linearen Gleichungssystems, die, wenn keine weiteren Optionen angegeben werden, im wesentlichen auf dem Gauß-Algorithmus beruht. Innerhalb dieser Routine wird also zunächst die erweiterte Koeffizientenmatrix in Zeilenstufenform gebracht und dann das System gelöst.
Geben Sie folgenden MAPLE-Code ein:

```
LinearSolve(Matrix([[1,0],[0,0]]),Vector(2));
```

um die Lösungen des Gleichungssystems $\begin{pmatrix} 1 & 0 \\ 0 & 0 \end{pmatrix} x = \begin{pmatrix} 0 \\ 0 \end{pmatrix}$ für $x \in \mathbb{R}^2$ zu bestimmen.

Aufgabe 4.18 Geben Sie die Dimension des Lösungsraumes dieses Gleichungssystems an.

Überlegen Sie, welche Ausgaben Sie bei der Eingabe des folgenden Codes erwarten und sehen Sie sich die Ausgabe von MAPLE an:

```
LinearSolve(Matrix([[1,0],[0,0]]),Vector([1,0]));
LinearSolve(Matrix([[1,0],[0,0]]),Vector([1,1]));
```

Aufgabe 4.19 Besitzt das zweite der gerade untersuchten inhomogenen Gleichungssysteme eine Lösung?

Aufgabe 4.20 Gibt MAPLE eine Fehlermeldung aus, wenn Sie versuchen, mithilfe von `LinearSolve` das Gleichungssystem aus Aufgabe 4.13 zu lösen?

Beachten Sie, dass man den `LinearSolve`-Befehl nicht ohne weiteres auf das System aus Aufgabe 4.11 anwenden kann, da MAPLE nicht weiss, wie es mit dem Parameter s umgehen soll.

4.3 Die Cramersche Regel

Wir wollen im Folgenden nur lineare Gleichungssysteme $Ax = b$ betrachten, für die A eine quadratische Matrix mit maximalem Rang ist, also $A \in M(n \times n, \mathbb{C})$ mit $\det A \neq 0$.

Aufgabe 4.21 Sei also $A \in M(n \times n, \mathbb{C})$ mit $\det A \neq 0$. Wahr oder falsch? Das lineare Gleichungssystem $Ax = b$ besitzt für alle $b \in \mathbb{C}^n$ die eindeutige Lösung $x = A^{-1}b$.

Anstatt zunächst die inverse Matrix zu bestimmen, kann man auch direkt die Cramersche Regel verwenden. Lesen Sie hierzu auch [Fischer, Kap 3.3.5] nach.

Aufgabe 4.22 Sei $A \in M(n \times n, \mathbb{C})$ mit $\det A \neq 0$, sei $b \in \mathbb{C}^n$. Bezeichne A_i für $i = 1, \dots n$ die Matrix, die aus A durch Ersetzen des i-ten Spaltenvektors durch b hervorgeht.
Was stimmt? Nach der Cramerschen Regel gilt für die i-te Komponente v_i des eindeutig bestimmten Vektors v, der $Av = b$ erfüllt:

(a) $v_i = \det A \det A_i$

(b) $v_i = \dfrac{\det A_i}{\det A} = \dfrac{\det(a_1, \dots, a_{i-1}, b, a_{i+1}, \dots)}{\det A}$

_aden Sie nun die Bibliothek **LinearAlgebra**. Erzeugen Sie sich eine _uadratische invertierbare Matrix, konkret die folgende 9×9-Matrix

```
A := Matrix(9,(i,j)->i^j);
```

Aufgabe 4.23 Was ist die erste Ziffer der Determinante von A?

Da die Determinante nicht verschwindet, ist also A tatsächlich wie _gefordert invertierbar. Mithilfe der in MAPLE vordefinierten Routine _MatrixInverse können wir die zugehörige inverse Matrix bestimmen _(siehe Abschnitt 3.3). Definieren Sie nun einen Vektor $b \in \mathbb{R}^9$, etwa

```
b := Vector(9,i->9-i);
```

Bestimmen Sie nun zunächst die Lösung des Symstems durch In-vertieren der Matrix **A**, also durch **MatrixInverse(A).b** und durch das Anwenden des Befehls **LinearSolve(A,b)**. Überzeugen Sie sich davon, dass Sie in beiden Fällen dieselbe Lösung erhalten!
Um die Cramersche Regel in MAPLE zu prüfen, erstellen Sie nun zunächst eine Kopie der Matrix A:

```
C := Matrix(A);
```

Beachten Sie, dass mit dieser Syntax für C ein neuer Speicherbereich reserviert wird, in den die Einträge von A kopiert werden. C und A bleiben dann unabhängige Größen. Geben Sie zur Veranschaulichung folgenden Code ein:

```
E:=Matrix(4,(i,j)->i^2);
E[1,1];
E2 := Matrix(E);          # Fall 1
E2[1,1] := 999;
E[1,1];
```

und vergleichen Sie mit

```
E3 := E;                  # Fall 2
E3[1,1] := 999;
E[1,1];
```

Aufgabe 4.24 Welche Aussage ist richtig?

(a) Der Wert von $E[1,1]$ ändert sich in beiden Fällen.
(b) Der Wert von $E[1,1]$ ändert sich nur im ersten Fall.
(c) Der Wert von $E[1,1]$ ändert ist nur im zweiten Fall.

Wir möchten nun die erste Spalte von A durch b ersetzen und das Ergebnis in C speichern:

```
for j to Dimension(b) do C[j,1] := b[j]; od;
```

Lassen Sie nun MAPLE die Cramersche Regel prüfen:

```
v := LinearSolve(A,b);
is(Determinant(C)/Determinant(A) = v[1]);
```

Aufgabe 4.25 Die Ausgabe von MAPLE ist

(a) `true`
(b) `false`
(c) `fail`

Schreiben Sie nun eine Routine, die die Cramersche Regel allgemein anwendet. Eine Möglichkeit ist zum Beispiel

```
Cramer := proc(A,b);
  d := Dimension(b);
  result := Vector(d);
  for i to d do
    C := Matrix(A);
    for j to d do
      C[j,i] := b[j];
    od;
    result[i] := Determinant(C)/Determinant(A);
  od;
  result;
end;
```

Sie sollten nun noch mithilfe einer geeigneten if-Schleife einen Test
vorschalten, der die Meldung „Die Cramersche Regel ist nicht an-
wendbar" ausgibt, wenn die eingegebene Matrix A nicht invertierbar
ist.

Überprüfen Sie Ihr Programm mit

```
Cramer(A,b) - MatrixInverse(A).b;
```

Vergleichen Sie abschließend die Effizienz der Cramerschen Regel mit
dem Gauß-Algorithmus. Wählen Sie dazu eine relativ grosse Zahl,
etwa n := 30; und eine entsprechende quadratische Matrix

```
A := Matrix(n,(i,j)->i^j);
b := Vector(n,i-> (n-i));
```

Beobachten Sie das Verhalten von MAPLE nach der Eingabe von

```
Cramer(A,b);
```

und

```
LinearSolve(A,b);
```

Benutzen Sie gegebenenfalls auch den Befehl time, um zu bestimmen,
wie viel Zeit für die Rechnungen MAPLE benötigt.
Vergleichen Sie auch mit der Zeit, die für den Befehl

```
MatrixInverse(A);
```

benötigt wird.

Bei großen Matrizen kann es vorkommen, dass MAPLE Ihnen Ergebnisse nicht mehr explizit ausgibt. Stattdessen kann etwa nach der
Eingabe von Cramer(A,b) für eine 30×30 Matrix A die Ausgabe
von der folgenden Form sein:

$$\begin{bmatrix} \text{30 Element Column Vector} \\ \text{Data Type: anything} \\ \text{Storage: rectangular} \\ \text{Order: Fortran\_order} \end{bmatrix}$$

In diesem Fall können Sie der Ausgabe einen Namen zuweisen, zum Beispiel `Cram:=Cramer(A,b)`, und dann mithilfe eckiger Klammern Einträge explizit auslesen, zum Beispiel mithilfe von `Cram[23]`. Sie können sich die Daten auch mithilfe des Befehls `save` in eine Datei abspeichern, also etwa `save Cram, "cram.erg"`: Beachten Sie, dass die Syntax `save Cramer(A,b), "cram.erg"`: zu einer Fehlermeldung führt.

Aufgabe 4.26   Welche Aussage ist richtig? Für große $n > 30$ benötigt MAPLE zur Lösung eines inhomogenen linearen Gleichungssystems in n Gleichungen für n Unbestimmte in der Regel

(a) bei Verwendung der Cramerschen Regel mehr Zeit.
(b) bei der Verwendung von `LinearSolve` mehr Zeit.

5 Diagonalisierbarkeit von Matrizen über den komplexen Zahlen

Mathematische Inhalte:

Charakteristisches Polynom, Minimalpolynom, Vielfachheit von Nullstellen, Eigenwerte, Eigenräume, Diagonalisierbarkeit

Stichworte (MAPLE):

`Eigenvalues, Eigenvectors, CharacteristicPolynomial, MinimalPolynomial, type, diff, gcd`

In diesem Abschnitt werden wir mithilfe von MAPLE die Diagonalisierbarkeit von Matrizen über $\mathbb{C}$ untersuchen sowie Eigenwerte und Eigenräume bestimmen.

5.1 Diagonalisierbarkeit

Beantworten Sie zunächst folgende Fragen:

Aufgabe 5.1 Wahr oder falsch? Eine Matrix ist genau dann diagonalisierbar, wenn das zugehörige Minimalpolynom vollständig in paarweise verschiedene Linearfaktoren zerfällt.

Aufgabe 5.2 Wahr oder falsch? Eine Matrix ist genau dann diagonalisierbar, wenn das zugehörige charakteristische Polynom keine mehrfachen Nullstellen besitzt.

Aufgabe 5.3 Wahr oder falsch? Sei $\mathbb{K}$ ein Körper, $a \in \mathbb{K}$ Nullstelle eines Polynoms $p \in \mathbb{K}[X]$. Dann ist a genau dann *einfache* Nullstelle von p wenn für die Ableitung $p'(x) = \frac{\mathrm{d}}{\mathrm{d}x}p(x)$ von p gilt: $p'(a) \neq 0$.

Aufgabe 5.4 Wahr oder falsch? Ein Polynom $p \in \mathbb{C}[X]$ besitzt genau dann nur *einfache* Nullstellen, wenn für die Ableitung $p'(x) = \frac{\mathrm{d}}{\mathrm{d}x}p(x)$ von p gilt: p und p' sind im Polynomring $\mathbb{C}[X]$ teilerfremd.

Aufgabe 5.5 Wahr oder falsch? Zwei ähnliche Matrizen besitzen dasselbe Minimalpolynom.

Aufgabe 5.6 Wahr oder falsch? Zwei ähnliche Matrizen besitzen dieselben Eigenvektoren.

Aufgabe 5.7 Wahr oder falsch? Die Determinante einer trigonalisierbaren Matrix ist gleich dem Produkt ihrer Eigenwerte.

Aufgabe 5.8 Was stimmt?

(a) Sind die Einträge einer Matrix ganz, so sind auch alle Wurzeln ihres charakteristischen Polynoms ganz.

(b) Sind die Einträge einer Matrix reell, so sind auch alle Wurzeln ihres charakteristischen Polynoms reell.

(c) Sind die Einträge einer Matrix rational, so sind auch alle Wurzeln ihres charakteristischen Polynoms rational.

(d) Alle Aussagen sind falsch.

Aufgabe 5.9 Sei Φ Endomorphismus eines Vektorraums V. Sei 0 ein Eigenwert von Φ, aber es sei nicht vorausgesetzt, dass Φ diagonalisierbar ist. Was stimmt?

(a) Der Kern von Φ ist gleich dem Eigenraum $\mathrm{Eig}(\Phi, 0)$ zum Eigenwert 0 .

(b) $\dim(\ker\Phi) = \dim \mathrm{Eig}(\Phi, 0)$

(c) $\det \Phi = 0$.

Aufgabe 5.10 Was stimmt?

(a) Die Diagonaleinträge einer oberen Dreiecksmatrix sind die Eigenwerte der Matrix.

(b) Die Diagonaleinträge einer unteren Dreiecksmatrix sind die Eigenwerte der Matrix.

(c) Sei M eine $n \times n$-Matrix mit $M_{ij} = 0$ für alle $i + j - 1 < n$ (also eine „verkehrte" untere Dreiecksmatrix). Dann gilt: Die Nebendiagonaleinträge $a_{i,n+1-i}$ sind die Eigenwerte von M.

(d) Eine „verkehrte" untere Dreiecksmatrix M ist diagonalisierbar.

Aufgabe 5.11 Wahr oder falsch? Die Determinante der „verkehrten" unteren Dreiecksmatrix M aus der vorhergehenden Aufgabe ist bis auf ein Vorzeichen gleich dem Produkt $\prod_i a_{i,n+1-i}$ der Einträge auf der Nebendiagonalen von M.

5.2 Das Minimalpolynom

Wir wollen nun die Diagonalisierbarkeit von Matrizen über den komplexen Zahlen untersuchen. Dazu werden Sie eine Routine schreiben, die im Sinne der Aufgaben 5.1 und 5.4 untersucht, ob das Minimalpolynom mehrfache Nullstellen besitzt oder nicht. Wir werden also überprüfen, ob das Minimalpolynom p der betrachteten Matrix und seine Ableitung p' keine gemeinsamen Teiler (außer den konstanten Polynomen) besitzen.

Laden Sie hierzu das Paket `LinearAlgebra`. Wir verwenden die in diesem Paket vordefinierte Routine `MinimalPolynomial(A,x)`. Sie gibt das Minimalpolynom einer Matrix `A` über einem Körper der Charakteristik 0, etwa $\mathbb{Q}, \mathbb{R}$ oder $\mathbb{C}$, an. Testen Sie diese Routine zum Beispiel für

$$A := \begin{pmatrix} 0 & 0 & 0 \\ 0 & 1 & 0 \\ 0 & 0 & 0 \end{pmatrix}$$

Überlegen Sie zunächst, was Sie für das Minimalpolynom von A erwarten. Geben Sie auch

MinimalPolynomial(A,y) ein. Vergleichen Sie die Ausgabe
von MinimalPolynomial(A,x) mit dem charakteristischen Polynom, das Sie entweder mithilfe der Befehle Determinant
und IdentityMatrix oder mithilfe der vordefinierten Routine
CharacteristicPolynomial(A,x) bestimmen sollten.

Aufgabe 5.12 Unterscheiden sich das charakteristische und das
Minimalpolynom der oben definierten Matrix A voneinander?

Im folgenden seien das charakteristische und das Minimalpolynom
einer Matrix stets normiert, d.h. der höchste nicht-verschwindende
Koeffizient ist $+1$. Dies ist Konvention in den MAPLE-Routinen
MinimalPolynomial und CharacteristicPolynomial. Sollten Sie
die Polynome auf eine andere Art und Weise berechnen, denken Sie
daran, die Polynome noch durch Multiplikation mit einem Skalar zu
normieren.

Aufgabe 5.13 Unterscheiden sich das charakteristische und das
Minimalpolynom von

$$B := \begin{pmatrix} 2 & 1 & 0 & 0 & 1 \\ 1 & 3 & 1 & 1 & -1 \\ 0 & -1 & 2 & 0 & -1 \\ 2 & 0 & 2 & 4 & 0 \\ 1 & -1 & 1 & -1 & 3 \end{pmatrix}$$

voneinander?

Wir berechnen nun die Ableitung des Minimalpolynoms einer Matrix
A mithilfe des Befehls diff. Geben Sie also etwa ein

```
diff(MinimalPolynomial(A,x),x);
```

Es gibt in MAPLE eine Routine namens gcd (Abkürzung für englisch *greatest common divisor*), die den größten gemeinsamen Teiler zweier Polynome $p_1, p_2 \in \mathbb{C}[X]$ bestimmt. Hierbei sollten die Koeffizienten der beiden Polynome der Einfachheit halber ganze oder rationale Zahlen sein. Ist der größte gemeinsame Teiler in $\mathbb{C}^\times = \mathbb{C} \setminus \{0\}$, so sind die beiden Polynome teilerfremd. Nutzen Sie aus, dass MAPLE als größten gemeinsamen Teiler zweier normierter Polynome ein normiertes Polynom ausgibt.

Aufgabe 5.14 Was ist die letzte Ausgabe von

```
B:=Matrix([[0,1,1],[0,1,0],[1,1,0]]);
MinimalPolynomial(B,x);
gcd ( MinimalPolynomial(B,x),
         diff(MinimalPolynomial(B,x),x) );
```

(a) 1

(b) $x - 1$

(c) $x + 1$

Aufgabe 5.15 Ist B diagonalisierbar?

Schreiben Sie sich nun eine Routine diagbar:=proc(A), die mithilfe einer if-Schleife testet, ob das Minimalpolynom einer Matrix A und seine Ableitung teilerfremd sind und für diesen Fall die Nachricht *diagonalisierbar* ausgibt, und andernfalls die Nachricht *nicht diagonalisierbar*.

Testen Sie Ihre Routine an mehreren Matrizen, von denen Sie wissen, dass sie über $\mathbb{C}$ diagnonalisierbar bzw. nicht-diagonalisierbar sind!

Aufgabe 5.16 Beantworten Sie mithilfe Ihrer Routine diagbar: Ist die Matrix A:=Matrix([[0,1,0],[0,1,1],[1,0,0]]) über $\mathbb{C}$ diagonalisierbar?

Lassen Sie sich nun das Minimalpolynom von A ausgeben.

Aufgabe 5.17 Ist A über $\mathbb{R}$ diagonalisierbar?

Testen Sie mithilfe Ihrer Routine diagbar eine große Zahl von Matrizen mit zufällig erzeugten Einträgen (siehe Abschnitt 3.2) auf Diagonalisierbarkeit über $\mathbb{C}$. Sie sollten dabei Code der folgenden Form verwenden

```
for i to 30 do diagbar(RandomMatrix(4)) od;
```

Testen Sie auch Matrizen anderer Größe als 4×4!

Aufgabe 5.18 Sind Matrizen mit zufällig erzeugten Einträgen über $\mathbb{C}$ überwiegend diagonalisierbar oder überwiegend nicht diagonalisierbar?

5.3 Eigenwerte und Eigenräume

Wir werden nun die im Paket LinearAlgebra vordefinierten Befehle Eigenvalues und Eigenvectors kennen lernen. Eigenvalues(A) gibt für eine $n \times n$-Matrix A einen Spaltenvektor aus, der die über $\mathbb{C}$ berechneten Eigenwerte von A enthält. Eigenvectors(A) gibt ein Objekt vom Typ *exprseq* aus, das aus Eigenvalues(A) sowie einer $n \times n$-Matrix besteht, in deren Spalten Vektoren aus den Eigenräumen stehen.

Wenden Sie zur Veranschaulichung die Routine Eigenvectors auf Beispiel-Matrizen an, etwa die Einheitsmatrix sowie auf die Matrix

```
B:=Matrix([[0,1,1],[0,1,0],[1,1,0]]);
```

aus dem vorhergehenden Abschnitt.

Sehen Sie sich genau an, was MAPLE für Eigenvectors(B) ausgibt. Überprüfen Sie (beispielsweise mit Ihrer Routine diagbar), ob B über $\mathbb{C}$ diagonalisierbar ist. Beantworten Sie nun:

Aufgabe 5.19 Was ist richtig? Besitzt eine Matrix einen Eigenwert mit algebraischer Vielfachheit $n > 1$, so gilt für die vordefinierte MAPLE-Funktion `Eigenvalues`:

(a) Der Eigenwert λ erscheint n-mal im ausgegebenen Vektor der Eigenwerte.

(b) Es erscheinen nur paarweise verschiedene Eigenwerte im ausgegebenen Vektor der Eigenwerte, also erscheint auch λ nur einmal.

(c) Eigenwerte erscheinen im ausgegebenen Vektor der Eigenwerte immer mit ihrer *geometrischen* Vielfachheit.

Aufgabe 5.20 Was ist richtig? Besitzt eine $n \times n$-Matrix Eigenwerte mit algebraischer Vielfachheit $n > 1$, so gilt für die von `Eigenvectors` ausgegebene Matrix:

(a) Falls für mindestens einen Eigenwert algebraische und geometrische Vielfachheit verschieden sind, enthält die ausgegebene Matrix einen oder mehrere Nullvektoren.

(b) Falls für alle Eigenwerte algebraische und geometrische Vielfachheit übereinstimmen, erscheinen nur linear unabhängige Spaltenvektoren in der ausgegebenen Matrix.

(c) Die Spalten der ausgegebenen Matrix sind stets linear unabhängig.

Wählt man in `Eigenvectors` die Option `output=list`, also `Eigenvectors(A,output=list)`, gibt MAPLE jeweils den Eigenwert, seine algebraische Vielfachheit und eine Basis des zugehörigen Eigenraums als Liste aus. Probieren Sie zur Veranschaulichung folgenden Code aus:

```
A:=Matrix([[0,1,0],[0,1,0],[0,0,0]]);
Eigenvectors(A);
Eigenvectors(A,output=list);
B:=Matrix([[0,1,1],[0,1,0],[1,1,0]]);
Eigenvectors(B);
Eigenvectors(B,output=list);
```

Aufgabe 5.21 Wahr oder falsch? Sei eine Matrix A in MAPLE gegeben. Um mithilfe von Eigenvectors zu überprüfen, ob sie diagonalisierbar ist, kann man folgendermaßen vorgehen:

```
(werte,vecs):=Eigenvectors(A);
 if Determinant(vecs)=0
    then print(nicht-diagonalisierbar)
    else print(diagonalisierbar)
fi;
```

Definieren Sie sich nun in MAPLE die Schachbrett-Matrizen $A_n \in M(n \times n, \mathbb{R})$ mit $A_{ij} = 1$ falls $i + j$ gerade, 0 sonst.
Tipp: Verwenden Sie bei der Definition dieser Matrizen in MAPLE den Befehl type(i+j,even). Am besten schreiben Sie sich eine kurze Routine Amat:=proc(n), die Ihnen diese Matrix für beliebiges $n \in \mathbb{N}$ ausgibt.

Aufgabe 5.22 Bestimmen Sie für $n = 2, \ldots, 9$ mithilfe der Routine Eigenvectors die Eigenwerte und Eigenräume von A_n. Geben Sie an, wie viele verschiedene Eigenwerte A_n für ungerades $n \geq 3$ besitzt.

Aufgabe 5.23 Mit welcher Vielfachheit treten für gerades n die Eigenwerte auf, die nicht gleich 0 sind?

Aufgabe 5.24 Bestimmen Sie die Minimalpolynome μ_{A_n} von A_n für $n = 3, \ldots, 9$. Was gilt für den Grad?

(a) Der Grad von μ_{A_n} ist für gerades $n \geq 4$ gleich 2.

(b) Der Grad von μ_{A_n} ist für ungerades n gleich 3.

(c) Der Grad von μ_{A_n} steigt mit wachsendem n immer weiter an.

Aufgabe 5.25 Sind die betrachteten Matrizen A_n alle diagonalisierbar?

6 Matrizen mit positiven Einträgen

Mathematische Inhalte:

Positive Einträge versus Definitheit, Irreduzibilität, Frobenius-Perron Eigenwert

Stichworte (MAPLE):

`is(..., real)`, Darstellung komplexer Zahlen in der Ebene, `ListTools`

Literaturhinweise für dieses Kapitel:

- B. Huppert: Angewandte Lineare Algebra, de Gruyter, 1990
- F. R. Gantmacher: The Theory of Matrices, Volume 2, Chapter XIII, Chelsea Publishing Company, 1959.

6.1 Positive und positiv-definite Matrizen

Wir wollen in diesem Kapitel quadratische Matrizen mit reellen Einträgen untersuchen. Eine Matrix $A \in M(n \times n, \mathbb{R})$ heißt *nicht-negativ*, wenn alle Einträge nicht-negativ sind, und *positiv*, wenn alle Einträge positive Zahlen sind. Verwechseln Sie diese Begriffe nicht mit dem Begriff einer positiv (semi-)definiten Matrix, der nur für symmetrische Matrizen definiert ist.

Aufgabe 6.1 Welche der folgenden Aussagen sind wahr?

(a) Auch eine Matrix, die negative Einträge enthält, kann positiv definit sein.

(b) Hat eine Matrix nur nicht-positive Einträge, so kann sie nicht positiv definit sein.

(c) Eine Diagonalmatrix mit nur positiven Einträgen auf der Diagonalen ist positiv definit.

(d) Eine positive symmetrische Matrix kann indefinit sein.

Machen Sie sich klar, dass die Positivität einer Matrix nicht unter den Ihnen aus der Vorlesung bekannten Äquivalenzrelationen auf der Menge von Matrizen invariant ist: Ist zum Beispiel die Matrix A positiv/nicht-negativ und B ähnlich zu A, so ist B nicht notwendiger Weise auch positiv/nicht-negativ.

Im Gegensatz zu den Begriffsbildungen der Vorlesung "Lineare Algebra" wird also hier eine Basis ausgezeichnet. Bei gewissen mathematischen Problemen ist dies natürlich, insbesondere bei solchen, die aus der Darstellungstheorie, einem Teilgebiet der Algebra, kommen. Auch die Positivität der Matrixelemente ist in gewissen mathematischen Zusammenhängen eine natürliche Bedingung, z.B. wenn die Einträge der Matrix die Interpretation von Wahrscheinlichkeiten haben. Wie Sie gesehen haben, muss man dann mit Ähnlichkeitstransformationen vorsichtig umgehen.

Wir benötigen noch folgende Definition: Eine quadratische Matrix $A = (a_{ij})_{i,j \in J}$ heißt *reduzibel*, wenn die Indexmenge J in zwei disjunkte Teilmengen I, K zerlegt werden kann, $I \cap K = \emptyset$ und $I \cup K = J$, so dass $a_{ik} = 0$ für alle $i \in I$ und $k \in K$ gilt; andernfalls heißt sie irreduzibel.

Aufgabe 6.2 Welche der drei folgenden Matrizen ist irreduzibel?

(a) $\begin{pmatrix} 1 & 0 & 1 \\ 0 & 1 & 1 \\ 1 & 1 & 1 \end{pmatrix}$

(b) $\begin{pmatrix} 1 & 0 & 0 \\ 0 & 1 & 0 \\ 1 & 1 & 1 \end{pmatrix}$

(c) $\begin{pmatrix} 1 & 0 & 1 \\ 0 & 1 & 0 \\ 0 & 0 & 1 \end{pmatrix}$

Man beachte folgendes: fasst man eine im Sinne der obigen Definition reduzible Matrix A als darstellende Matrix eines Endomorphismus von $\mathbb{R}^{|J|}$ auf, so hat dieser Vektorraum einen invarianten Unterraum. Dies ist ein Untervektorraum $U \subset \mathbb{R}^{|J|}$, für den $Au \in U$

ür alle $u \in U$ gilt. Dieser Untervektorraum lässt sich als Erzeugnis einer Untermenge der Standardbasis des $\mathbb{R}^{|J|}$ schreiben. Machen Sie sich jedoch bitte klar: Die Existenz eines invarianten Untervektorraums ist eine von der Wahl einer Basis unabhängige Aussage, die obige Definition von Irreduzibilität einer Matrix jedoch nicht. Insbesondere gehört zwar zu jeder reduziblen Matrix ein invarianter Untervektorraum, die Umkehrung gilt jedoch im allgemeinen nicht: Es gibt irreduzible Matrizen, für die ein invarianter Unterraum existiert. Betrachten Sie zum Beispiel die Matrix

$$\begin{pmatrix} 0 & 1 \\ 1 & 0 \end{pmatrix}$$

Überzeugen Sie sich davon, dass diese nicht-negative Matrix irreduzibel im Sinne unserer Definition ist. Fasst man sie jedoch als darstellende Matrix eines Endomorphismus Φ von $\mathbb{R}^2$ bezüglich der Standardbasis (e_1, e_2) auf, so ist der von $e_1 + e_2$ erzeugte Untervektorraum ein invarianter Unterraum für Φ.

Aufgabe 6.3 Welcher der folgenden Vektoren spannt einen echten invarianten Untervektorraum von $\mathbb{R}^2$ zu der reduziblen Matrix

$$A = \begin{pmatrix} 1 & 1 \\ 0 & 1 \end{pmatrix}$$

auf?

(a) $\begin{pmatrix} 0 \\ 1 \end{pmatrix}$

(b) $\begin{pmatrix} 1 \\ 0 \end{pmatrix}$

6.2 Eigenwerte positiver Matrizen

Wir wissen, dass die Eigenwerte positiv definiter symmetrischer Matrizen reell sind, und möchten nun untersuchen, ob eine ähnliche Aussage auch für die Eigenwerte positiver Matrizen gilt. Wir beginnen mit ein paar Vorarbeiten.

Wir wollen zunächst eine Routine `allesreell := proc(vect)`
schreiben, die `true` ausgibt, wenn die Komponenten eines Vektors
vect in $\mathbb{C}^n$ ausschließlich reelle Zahlen sind, sonst `false`.
Probieren Sie zur Illustration zunächst folgenden Code aus

```
is(4+I*0,real);  is(4+I,real);
vect := Vector([1,2*I+4,I*2,I,4.3,a]);

with(LinearAlgebra):
l:=[seq(is(vect[i],real),i=1..Dimension(vect))];
```

Hierbei wurde die Länge des Vektors vect mithilfe des Befehls
`Dimension` aus dem Paket `LinearAlgebra` bestimmt. Die eckigen
Klammern erzeugen eine geordnete Liste (siehe Abschnitt 1.3).
Laden Sie nun das Paket `ListTools`. Mithilfe des darin enthaltenen
Befehls `Occurrences` können Sie zählen, wie viele Komponenten des
Vektors vect nicht reell sind:

```
with(ListTools):
Occurrences(false,l);
```

Benutzen Sie nun einen ähnlichen Code, um die Routine `allesreell`
zu definieren.
Testen Sie mindestens 10 positive 5×5-Matrizen daraufhin, ob
die Eigenwerte reell sind. Erzeugen Sie dazu geeignete Matrizen
mithilfe des Befehls `RandomMatrix` aus dem Paket `LinearAlgebra`
(siehe Abschnitt 3.2) und verwenden Sie die vordefinierte Routine
`Eigenvalues` (siehe Abschnitt 5.3) sowie Ihre Routine `allesreell`.
Verwenden Sie etwa folgende `for`-Schleife:

```
for i to 10 do
   allesreell(
        evalf(Eigenvalues(RandomMatrix(5)+W)) )
od;
```

Hierbei müssen Sie `W:=Matrix(5,(i,j)->...)` so definieren, dass
`RandomMatrix(5)+W` tatsächlich eine positive Matrix ergibt (siehe
Aufgabe 3.2). Beachten Sie, dass wir `evalf` verwendet haben, um

die Ausdrücke, die `RootOf` beinhalten, in numerische Ausdrücke um-
uwandeln (siehe MAPLE-Hilfe).

Aufgabe 6.4 Sind die Eigenwerte von positiven Matrizen immer
eell?

Aufgabe 6.5 Sind die Eigenwerte positiver *symmetrischer* Matrizen
mmer reell?

5.3   Der Frobenius-Perron-Eigenwert

Wir betrachten nun für irreduzible nicht-negative Matrizen das Ma-
ximum M der Absolutbeträge aller Eigenwerte. Ein positiver *reeller*
Eigenwert λ mit $\lambda = M$ heißt *Frobenius-Perron-Eigenwert*.
Es gilt:

- Der Frobenius-Perron-Eigenwert existiert.
- Die algebraische Vielfachheit des Frobenius-Perron-Eigenwerts
  - und somit auch seine geometrische Vielfachheit – ist gleich
  eins.

Da es nicht ganz einfach ist, sich *irreduzible* nicht-negative Matrizen
zu verschaffen, werden wir uns bei der praktischen Implementierung
auf die Unterklasse positiver Matrizen beschränken.

Verschaffen Sie sich nun mithilfe des Codes

```
B:=RandomMatrix(4)+Matrix(4,4,100);
evalf(Eigenvectors(B));
```

positive 4×4-Matrizen und deren Eigenwerte. Im allgemeinen findet
man vier verschiedene Eigenwerte. Suchen Sie den Frobenius-Perron-
Eigenwert heraus. Sie können dazu ein ähnliches MAPLE-Programm
schreiben wie das im vorangehenden Abschnitt. Dazu sollten Sie die
Pakete `LinearAlgebra` und `ListTools` laden und einen Code der
folgenden Form verwenden:

```
Digits:=20;
EV:=evalf(Eigenvalues(B));
Betraege:=map(abs,convert(EV,list));
EV[Search(max(op(Betraege)),Betraege)];
```

Hierbei wandeln wir zunächst mithilfe des Befehls convert den Vektor EV in eine Liste um (siehe Abschnitt 1.3) und wenden mithilfe von map den Befehl abs auf diese Liste an. Die Eingabe op(Betraege) extrahiert dann die Einträge der Liste Betraege (hierbei kürzt op das englische Wort *operator* ab), der Befehl max bestimmmt das Maximum. Der Befehl Search aus dem Paket ListTools bestimmt die Position des Maximums max(op(Betraege)) in der Liste Betraege, und mithilfe der eckigen Klammern lesen wir schließlich den entsprechenden Eintrag aus dem Vektor der Eigenwerte aus. Geben Sie diese Befehle auch einzeln ein, um den Code zu verstehen! Vernachlässigen Sie wieder offensichtliche Rundungsfehler.

Aufgabe 6.6 Wahr oder falsch? Im Eigenraum zum Frobenius-Perron-Eigenwert gibt es einen Eigenvektor, dessen Komponenten alle positiv sind.

Überprüfen Sie mit MAPLE auch die folgende Aussage an hinreichend großen Matrizen:

Alle komplexen Eigenwerte λ vom Absolutbetrag r sind Lösungen der Gleichung $\lambda^h - r^h = 0$, wobei h die Zahl der komplexen Eigenwerte vom Absolutbetrag r ist.

6.4 Die Gauß'sche Zahlenebene

Wir möchten bei dieser Gelegenheit erklären, wie man in MAPLE komplexe Zahlen als Elemente der komplexen Zahlenebene graphisch ausgeben kann. Testen Sie dazu zunächst, wie Sie in MAPLE mithilfe des Befehls listplot die komplexen Zahlen 0, $1 + i$, $1 - i$ und $2 + 4i$ in eine 2-dimensionale Graphik eintragen können. Laden Sie dazu

las Paket `plots` und geben Sie für die oben gewählten komplexen
Zahlen ein:

```
liste:=[[0,0],[1,1],[1,-1],[2,4]];
pointplot(liste);
```

Wir möchten nun die komplexen Zahlen λ, die $\lambda^h - r^h = 0$ für fest
gewähltes $h \in \{2, 3, 4\}$ und $r = 1, 2, 3$ erfüllen, von MAPLE in der
Gauß'schen Ebene einzeichnen lassen. Bestimmen wir dazu zunächst
die Lösungen der Gleichung $\lambda^4 - 1 = 0$:

```
loes:=[solve(l^4-1,l)];
```

Hierbei machen die eckigen Klammern aus der so genannten *exprseq*,
die vom Befehl `solve` ausgegeben werden, eine Liste, also ein Objekt vom Typ *list*, siehe auch Abschnitt 1.3. Die Elemente unserer
Lösungsliste `loes` schreiben wir nun als Paare von Real- und Ima-
ginärteil:

```
aufteil:=z->[Re(evalf(z)),Im((evalf(z))];
loesReIm:=map(aufteil,loes);
```

und wenden `pointplot` auf die entstandene Liste an:

```
pointplot(loesReIm);
```

Erzeugen Sie nun entsprechende Graphiken für die Lösungen von
$\lambda^h - r^h = 0$ für $h = 2, 3, 4$, $r = 1, 2, 3$.

Was fällt Ihnen auf?

Aufgabe 6.7 Wie viele Lösungen besitzt $\lambda^h - r^h = 0$, $r > 0$,
über $\mathbb{C}$?
(a) h (b) Das hängt von r ab. (c) eine

6.5 Anwendung: ein Darstellungsring

Wir wollen nun für jede natürliche Zahl k eine $k + 1$-dimensionale reelle Algebra $\mathcal{A}_k$ zusammen mit einer geordneten Basis $(b_0, b_1, \ldots, b_k)$

einführen. Das Produkt führen wir auf den Basiselementen ein und setzen es bilinear fort:

$$b_i \cdot b_j = \sum_{l=|i-j|}^{m_k(i,j)} b_l \quad ,$$

wobei l nur die Werte annehmen darf, für die $i + j + l$ gerade ist, und die obere Schranke in Abhängigkeit von k durch

$$m_k(i,j) := \min(i + j, 2k - i - j)$$

definiert ist. Die Algebra $\mathcal{A}_k$ tritt auf, wenn man den Darstellungsring von Verallgemeinerungen von Gruppen, so genannten Quantengruppen, betrachtet.

Aufgabe 6.8 Überlegen Sie sich auf dem Papier (ohne MAPLE zu verwenden), welche Aussagen stimmen:

(a) Die Algebra ist kommutativ.
(b) Die Algebra ist assoziativ.
(c) Die Algebra ist unitär, d.h. es gibt ein Einselement.

Das Produkt der oben eingeführten Algebra $\mathcal{A}_k$ schreiben wir als

$$b_i \cdot b_j = \sum_{l=0}^{k} \mathcal{N}_{ij}^l b_l$$

mit nicht-negativen ganzen Zahlen $\mathcal{N}_{ij}^l$ für $i, j, l \in \{0, 1, \ldots, k\}$. Wir führen nun $k + 1$ verschiedene Matrizen $N_n \in M((k+1) \times (k+1), \mathbb{Z})$ ein, deren Element in der i-ten Zeile und j-ten Spalte gleich $\mathcal{N}_{ni}^j$ ist,

$$(N_n)_i^j = \mathcal{N}_{ni}^j .$$

Alle Matrizen sind offenbar nicht-negativ.

Sie können für gegebenes k die Matrix N_n mithilfe des folgenden Codes erzeugen:

```
N:=proc(n,k);
Matrix(k+1,
(i,j)-> if (j>=abs(n-i)) and j<=min(2*k+3-n-i,n+i-1)
        and type(i+j+n,odd)
    then 1 else 0
end if);
end;
```

Aufgabe 6.9 Welche Aussagen treffen zu? Hierbei sollten Sie sowohl von Hand rechnen als auch Ihre Vermutungen mit MAPLE überprüfen.

(a) Jede Matrix N_i ist diagonalisierbar über dem Körper der komplexen Zahlen.

(b) Die Matrizen vertauschen, d.h. $N_i \cdot N_j = N_j \cdot N_i$ für alle i, j.

(c) Die $k + 1$ Matrizen N_i sind gleichzeitig diagonalisierbar.

(d) Die $k + 1$ Matrizen N_i sind irreduzibel.

Schließlich sollen Sie noch mithilfe von `Eigenvalues` experimentell Vermutungen für den Frobenius-Perron Eigenwert der Matrix N_i überprüfen.

Aufgabe 6.10 Welche Aussagen sind korrekt:

(a) Für $k = 2$ und $i = 1$ erhält man $\sqrt{2}$.

(b) Für alle k und $i = 0$ erhält man 1.

(c) Für alle k und $i = k$ erhält man 1.

(d) Für alle k und alle $i \in \{1, 2, \ldots, k-2\}$ erhält man Werte strikt größer als 1.

7 Reelle Funktionen einer Variablen

Mathematische Inhalte:

Grenzwerte, Funktionenscharen und Parameter, Newton-Verfahren

Stichworte (MAPLE):

limit, plot, style=point, pointplot, with(plots), plot[multiple]

Wir wollen nun einige Eigenschaften reellwertiger Funktionen einer reellen Variablen untersuchen.

7.1 Grenzwerte

Betrachten wir zunächst die Funktion

$$f : \mathbb{R} \setminus \{0\} \to \mathbb{R}, \qquad f(x) = x \sin(1/x).$$

Wir fragen uns, ob diese Funktion zu einer stetigen Funktion auf ganz $\mathbb{R}$ fortgesetzt werden kann. Dazu betrachten wir zunächst den Grenzwert

$$\lim_{x \searrow 0} f(x)$$

Hierbei steht $\lim_{x \searrow 0}$ für den rechtsseitigen Limes, d.h. $x > 0$ strebt gegen 0. Ist der rechtsseitige Grenzwert der oben gegebenen Funktion f endlich, so ist er gleich dem linksseitigen Grenzwert $\lim_{x \nearrow 0} f(x)$ (also $x < 0$ strebt gegen 0), da die Funktion f gerade ist, $f(-x) = f(x)$ für alle $x \in \mathbb{R} \setminus \{0\}$. In diesem Fall gibt es also eine stetige Funktion auf $\mathbb{R}$, die für $x \neq 0$ mit f übereinstimmt. Im allgemeinen muss man beide Grenzwerte getrennt berechnen und ihre Gleichheit überprüfen; zum Beispiel besitzt die Funktion

$$g(x) = \begin{cases} \exp(-1/x^2) & \text{für } x > 0 \\ 1/x & \text{für } x < 0 \end{cases}$$

einen endlichen rechtsseitigen Grenzwert (welchen?), jedoch strebt die Funktion g für $x \nearrow 0$ gegen $-\infty$.

3evor wir den Grenzwert $\lim_{x \searrow 0} f(x)$ bestimmen, sehen wir uns unächst den von MAPLE erzeugten Graphen der Funktion $\Gamma_f = (x, f(x)) \in [\frac{2}{10000}, \frac{2}{10}] \times \mathbb{R}\}$ an, also

```
f:= x->x*sin(1/x);
plot(f(x),x=0.0002..0.2);
```

Aufgabe 7.1 Welches Verhalten beobachten Sie qualitativ?

(a) Die Funktion f oszilliert für $x \to 0$ immer schneller.
(b) Die Funktion f oszilliert für $x \to 0$ immer langsamer.
(c) Die Amplitude sinkt für $x \to 0$.
(d) Die Amplitude steigt für $x \to 0$ an.

Wählen Sie nun für die Routine plot einen Definitionsbereich, der) enthält, etwa

```
plot(f(x),x=-0.2..0.2);
```

Aufgabe 7.2 Kommt es zu einer Fehlermeldung?

Aufgabe 7.3 Kommt es zu einer Fehlermeldung, wenn Sie f(0) oder subs(x=0,f(x)) eingeben?

Verkleinern Sie den Definitionsbereich der Funktion, zum Beispiel auf $[-2 \cdot 10^{-8}, 2 \cdot 10^{-8}]$. Stellen Sie eine Vermutung über den Grenzwert $\lim_{x \to 0} f(x)$ auf. Wir verwenden nun MAPLE, um den Grenzwert zu bestimmen:

```
limit(f(x),x=0);  # gibt den Grenzwert aus
```

Aufgabe 7.4 Was ist der Grenzwert $\lim_{x \to 0} f(x)$?

Überlegen Sie nun, wie Sie den Grenzwert selbst berechnen können. Verwenden Sie etwa die Abschätzung $|x \sin(1/x)| \leq |x|$ für $x \neq 0$.

Wir möchten nun auch das Verhalten von $f(x)$ für große x untersuchen. Geben Sie dazu zunächst ein

```
plot(sin(1/x)*x,x=0..6);
```

Tatsächlich finden wir mithilfe der Substitution $y = 1/x$

$$\lim_{x \to \infty} \frac{\sin(1/x)}{1/x} = \lim_{y \to 0} \frac{\sin(y)}{y} = 1$$

wie es der `plot` suggeriert. Hierbei haben wir die Regel von l'Hôpital verwendet, also

$$1 = \lim_{y \to 0} \frac{\cos(y)}{1} = \lim_{y \to 0} \frac{\sin(y)}{y} .$$

Vorsicht: Natürlich ist es unabdingbar, sich mit einem Beweis Gewissheit über eine Vermutung zu verschaffen, die man mithilfe eines MAPLE-Plots gewonnen hat. Hätten Sie etwa nur Definitionsbereiche $[a, b]$ mit $b \leq 2/\pi$ betrachtet, hätten Sie zu der Vermutung kommen können, dass die Funktion auch für große x oszilliert.

Aufgabe 7.5 Bestimmen Sie die größte Nullstelle von f. Beachten Sie, dass der Befehl `solve(f(x)=0,x)` Ihnen keine Lösungen bestimmt.

Geben Sie nun `limit(x*sin(1/x),x=infinity);` in MAPLE ein.

Aufgabe 7.6 Berechnet MAPLE den Grenzwert korrekt?

Aufgabe 7.7 Was gibt MAPLE aus, wenn Sie

```
limit(sin(x),x=infinity);
```

ingeben?

(a) *undefined*
(b) −1..1
(c) ∞

Wir werden nun ähnlich wie oben untersuchen, wie sich Funktionen der Form $x^\alpha \exp(x)$ sowie $x^\alpha \exp(1/x)$ mit $\alpha > 0$ und $\alpha < 0$ für $x \to \infty$ und $x \to 0$ verhalten. Beachten Sie hierfür die folgenden Hinweise:

- Stellen Sie mithilfe von MAPLE Vermutungen zunächst für einige Wahlen von α auf. Beachten Sie dabei, dass MAPLE nicht ohne weiteres Grenzwerte berechnen kann. Vergleichen Sie zum Beispiel die Ausgabe von

  ```
  limit(x^(-2)*exp(x),x=infinity);
  ```

  mit der Ausgabe von

  ```
  limit(y^2*exp(1/y),y=0);
  ```

- Wenn Sie versuchen, einen Grenzwert mithilfe eines von MAPLE erzeugten Graphen zu erraten, so kann ein ungünstig gewählter Definitionsbereich Sie zwingen, die Rechnung von Hand mithilfe des Stop-Knopfes in der oberen Fensterleiste abzubrechen. Dies passiert, wenn Sie den Definitionsbereich der folgenden Funktion zu nah an null wählen:

  ```
  plot(y^2*exp(1/y),y= ... );
  ```

- Verwenden Sie für Ihre Beweise etwa die offensichtliche Abschätzung

$$\exp(x) = \sum_{k=0}^\infty \frac{x^k}{k!} > \frac{x^n}{n!} \text{ für alle } x > 0 \text{ und alle } n \in \mathbb{N}.$$

Nutzen Sie gegebenenfalls wieder aus, dass $\lim\limits_{x \to \infty} f(x) = \lim\limits_{y \to 0} f(\frac{1}{y})$ gilt. Sehen Sie auch in [Forster 1, S.118] nach.

Beantworten Sie nun folgende Fragen:

Aufgabe 7.8 Was ist richtig? Für jedes $k \in \mathbb{N}$ ist $\lim\limits_{x \searrow 0} x^k \exp(\frac{1}{x})$ gleich

(a) 0

(b) ∞

(c) $-\infty$

Aufgabe 7.9 Sei $P \in \mathbb{R}[X]$ ein Polynom, dessen höchster Koeffizient positiv ist. Was ist richtig? Der Grenzwert $\lim\limits_{x \to \infty} \frac{\exp(x)}{P(x)}$ ist

(a) 0

(b) ∞

(c) $-\infty$

Aufgabe 7.10 Anschaulich gesprochen heißt dies:

(a) Die Exponentialfunktion wächst für $x \to \infty$ schneller als jede Potenz von x.

(b) Die Exponentialfunktion wächst für $x \to \infty$ langsamer als jede Potenz von x.

(c) Man kann das Verhalten von polynomialen Funktionen und der Exponentialfunktion für $x \to \infty$ nicht sinnvoll vergleichen.

Aufgabe 7.11 Sei $P \in \mathbb{R}[X]$ ein Polynom, $P(X) = a_n X^n + a_{n-1} X^{n-1} + \ldots + a_0$ mit $P(0) \neq 0$. Was ist richtig? Der Grenzwert $\lim_{\to 0} \frac{\exp(x)}{P(x)}$ ist

(a) 0

(b) $1/a_0$

(c) a_n

(d) $-\infty$

Gehen Sie nun ähnlich für die Logarithmus-Funktion log vor und beantworten Sie folgende Fragen:

Aufgabe 7.12 Sei $\alpha \in \mathbb{R}$, $\alpha > 0$. Dann ist $\lim_{x \to \infty} \frac{\log x}{x^\alpha}$ gleich

(a) 0

(b) ∞

(c) $-\infty$

Aufgabe 7.13 Anschaulich gesprochen heißt dies:

(a) Die Logarithmusfunktion wächst für $x \to \infty$ schneller als jede positive Potenz von x.

(b) Die Logarithmusfunktion wächst für $x \to \infty$ langsamer als jede positive Potenz von x.

(c) Man kann das Verhalten von polynomialen Funktionen und der Logarithmusfunktion für $x \to \infty$ nicht sinnvoll vergleichen.

Aufgabe 7.14 Sei $\alpha \in \mathbb{R}$, $\alpha > 0$. Dann ist $\lim_{x \searrow 0} x^\alpha \log x$

(a) 0

(b) ∞

(c) $-\infty$

Aufgabe 7.15 Betrachten Sie zum Schluß die Funktionen $g_1(x) = x^2 \exp(x)$ und $g_2(x) = x^3 \exp(x)$ auf $\mathbb{R}_{\geq 0}$. Was stimmt? Überlegen Sie zuerst, bevor Sie MAPLE einsetzen, also bevor Sie etwa

```
plot([g1(x),g2(x)] , x= ... );
```

mit einem geeigneten Definitionsbereich eingeben!

  (a) Die Funktionswerte von g_1 sind stets größer als die von g_2.

  (b) Die Funktionswerte von g_1 sind stets kleiner als die von g_2.

  (c) Es gibt ein $x_0 \in \mathbb{R}_{\geq 0}$ mit $g_1(x_0) = g_2(x_0)$.

  (d) Es gibt ein $x_0 \in \mathbb{R}_{\geq 0}$, so dass für $x > x_0$ die Funktionswerte von g_1 stets größer sind als die von g_2.

  (e) Es gibt ein $x_0 \in \mathbb{R}_{\geq 0}$, so dass für $x < x_0$ die Funktionswerte von g_1 stets größer sind als die von g_2.

7.2   Scharen von Funktionen

Betrachten Sie eine Schar $(f_\beta)_{\beta \in \mathbb{R}}$ polynomialer Funktionen

$$f_\beta : \mathbb{R} \to \mathbb{R} , \qquad f_\beta(x) = x^3 + \beta\, x .$$

Beantworten Sie dazu zunächst die unten stehenden Fragestellungen über polynomiale Funktionen.

Aufgabe 7.16 Besitzt jede polynomiale Funktion dritten Grades mindestens eine reelle Nullstelle?

Aufgabe 7.17 Wie viele reelle Nullstellen kann eine polynomiale Funktion dritten Grades höchstens besitzen?

Aufgabe 7.18 Wahr oder falsch? Eine polynomiale Funktion dritten Grades kann entweder keine oder zwei echte Extrema besitzen.

)efinieren Sie nun in MAPLE

```
g:=(x,b)->x^3+b*x;
```

Lassen Sie sich von MAPLE für eine Reihe von Werten für β den Graphen der Funktion f_β auf einem geeigneten Definitionsbereich ausgeben.Was beobachten Sie? Achten Sie auf eine sinnvolle Wahl der Definitionsbereiche. Beweisen Sie Ihre mit MAPLE gewonnenen Vermutungen.

Aufgabe 7.19 Was ist richtig? Für $x \to \infty$ strebt $f_\beta(x)$

(a) für alle $\beta \in \mathbb{R}$ gegen ∞

(b) für alle $\beta \in \mathbb{R}$ gegen $-\infty$

(c) Darüber kann man nur eine Aussage machen, wenn man das Vorzeichen von β kennt.

Aufgabe 7.20 Wahr oder falsch? MAPLE kann den Grenzwert `limit(x^3+b*x,x=infinity)` ohne weitere Angaben korrekt berechnen.

Aufgabe 7.21 Was ist richtig?

(a) Unabhängig von β besitzt f_β stets mindestens eine Nullstelle.

(b) Unabhängig von β besitzt f_β stets höchstens eine Nullstelle.

Aufgabe 7.22 Wahr oder falsch? Unabhängig von β besitzt f_β stets eine Wendestelle in $x = 0$.

Aufgabe 7.23 Was ist richtig?

(a) Unabhängig von β besitzt f_β stets ein echtes Extremum.

(b) Besitzt f_β mindestens ein echtes Extremum, so folgt $\beta > 0$.

(c) Besitzt f_β mindestens ein echtes Extremum, so folgt $\beta < 0$.

(d) Es gibt positive β, so dass f_β mindestens ein echtes Extremum besitzt.

Sie können sich zum Abschluss die Situation noch mit einer animierten Graphik ansehen. Geben Sie ein

```
with(plots):
animate(plot, [x^3+b*x, x=-22..22], b=-280..180);
```

und starten Sie die Animation, indem Sie mit der *rechten* Maustaste auf die Graphik klicken und im Menupunkt `animation` den Befehl `play` auswählen.

7.3 Das Newton-Verfahren

Gegeben seien $n + 1$ Paare $(x_i, y_i) \in \mathbb{R}^2$ für $i \in \{0, \ldots, n\}$. Sie können sich zum Beispiel vorstellen, dass y_i der Wert einer physikalischen Größe ist, die man zum Zeitpunkt x_i misst. Nehmen wir an, Sie vermuten, dass zwischen den Werten x_i und y_i eine funktionale Abhängigkeit besteht, d.h. Sie suchen eine Funktion $f : \mathbb{R} \to \mathbb{R}$ mit $f(x_i) = y_i$ für alle $i \in \{0, \ldots, n\}$. Der einfachste Typ von Funktionen sind polynomiale Funktionen; wir nehmen also an, dass wir die funktionale Abhängigkeit durch eine polynomiale Funktion darstellen wollen. Gesucht ist also ein Polynom $N \in \mathbb{R}[X]$ mit $N(x_i) = y_i$. Literaturhinweis:

- H. Heuser: Lehrbuch der Analysis, Teil 1, Teubner, 2003 §16.

Wir werden hier ein Verfahren kennen lernen, mit dem Sie für $n + 1$ *verschiedene* so genannte *Stützstellen* $x_0, x_1, \ldots, x_n \in \mathbb{R}$ und nicht notwendiger Weise verschiedene so genannte *Stützwerte* $y_0, y_1, \ldots, y_n \in \mathbb{R}$ eine eindeutig definierte polynomiale Funktion N finden können, die $N(x_i) = y_i$ für alle $i = 0, 1, \ldots n$ erfüllt.

Als Ansatz für die gesuchte polynomiale Funktion wählen wir das so genannte Newtonsche Polynom

$$N(x) \;=\; \alpha_0 + \alpha_1\,(x - x_0) + \alpha_2\,(x - x_0)(x - x_1) + \ldots$$
$$\ldots + \alpha_n\,(x - x_0)(x - x_1)\cdot \ldots \cdot (x - x_{n-1})$$

mit Koeffizienten $\alpha_0, \alpha_1, \ldots, \alpha_n \in \mathbb{R}$.

Die $n + 1$ Bedingungen $N(x_i) = y_i$ für alle $i = 0, 1, \ldots n$ liefern das inhomogene lineare Gleichungssystem

$$
\begin{aligned}
y_0 &= \alpha_0 \\
y_1 &= \alpha_0 + \alpha_1(x_1 - x_0) \\
y_2 &= \alpha_0 + \alpha_1(x_2 - x_0) + \alpha_2(x_2 - x_0)(x_2 - x_1) \\
&\vdots \\
y_n &= \alpha_0 + \alpha_1(x_n - x_0) + \alpha_2(x_n - x_0)(x_n - x_1) + \ldots \\
&\quad \ldots + \alpha_n(x_n - x_0)\cdots(x_n - x_{n-1})
\end{aligned}
$$

für die Koeffizienten $\alpha_0, \alpha_1, \ldots, \alpha_n$.

Betrachten Sie die Koeffizientenmatrix dieses inhomogenen linearen Gleichungssystems, also $A \in M((n+1) \times (n+1), \mathbb{R})$ mit $A\alpha = y$ für die Spaltenvektoren $\alpha = (a_0, \ldots, \alpha_n)^t$ und $y = (y_0, \ldots, y_n)^t$.

Aufgabe 7.24 Was ist richtig?

(a) A ist obere Dreiecksmatrix.

(b) A ist untere Dreiecksmatrix.

(c) A ist eine symmetrische Matrix

Aufgabe 7.25 Wahr oder falsch? Das inhomogene lineare Gleichungssystem hat stets mindestens eine Lösung.

Aufgabe 7.26 Wahr oder falsch? Das inhomogene lineare Gleichungssystem ist stets eindeutig lösbar.

Schreiben Sie eine Routine Newton3:=proc(x0,y0,x1,y1,x2,y2), die für drei Stützstellen x_0, x_1, x_2 mit zugehörigen Stützwerten y_0, y_1, y_2 das zugehörige Newtonsche Polynom ausgibt. Verwenden Sie dazu die Routine LinearSolve aus dem Paket LinearAlgebra. Stellen Sie das Newton-Polynom sowie die Stützstellen und Stützwerte graphisch dar. Probieren Sie dazu zunächst folgenden Code aus:

```
plot([[1,2],[3,5],[-2,4]],x=-3..4,style=point);
```

Vergleichen Sie dies mit der Ausgabe von

```
with(plots):
pointplot([[1,2],[3,5],[-2,4]]);
```

Der Befehl `pointplot([[1,2],[3,5],[-2,4]],x=-3..4)` führt dagegen zu einer Fehlermeldung. Möchten Sie nicht das ganze Paket `plots` laden, können Sie auch eingeben

```
plots[pointplot]([[1,2],[3,5],[-2,4]]);
```

Denken Sie daran, den Definitionsbereich für den Graphen der Funktion so zu legen, dass die gegebenen Stützstellen darin liegen. Sie können dazu zum Beispiel den Befehl `max` verwenden. Benutzen Sie außerdem den Befehl `multiple` aus dem Paket `plots`, um sowohl die Stützstellen und -werte als auch das Polynom in einer Graphik auszugeben. Sehen Sie gegebenenfalls in der MAPLE-Hilfe nach und probieren Sie folgenden Code aus:

```
with(plots):
multiple( plot, [x^2,x=0..4],
                [[[1,2],[3,5]], style=point] );
```

Aufgabe 7.27 Wahr oder falsch? Gegeben n Stützstellen und Stützwerte, so hat das Newtonsche Polynom stets Grad $n-1$.

Aufgabe 7.28 Sei f eine polynomiale Funktion n-ten Grades. Nehmen Sie an, Sie kennen die Funktionswerte von f an $n+1$ verschiedenen Stützstellen. Gilt dann für das zugehörige Newton-Polynom N stets $N(x) = f(x)$ für alle $x \in \mathbb{R}$?

Aufgabe 7.29 Wahr oder falsch? Man kann das Verfahren auch anwenden, wenn man Stützstellen und Stützwerte in einem beliebigen Körper $\mathbb{K}$ vorgibt und ein Polynom in $\mathbb{K}[X]$ sucht.

Eine Kurvendiskussion

Zum Abschluss wollen wir MAPLE noch verwenden, um eine polynomiale Funktion mit vorgegebenen Eigenschaften zu finden.
Zeichnen Sie mit MAPLE eine polynomiale Funktion möglichst kleinen Grades, die im Punkt $x = 1, y = 1$ einen Wendepunkt mit einer Tangente der Steigung eins und im Punkt $x = 5$ einen Sattelpunkt hat und für $x \to \infty$ gegen ∞ geht. Benutzen Sie den Befehl multiple aus dem Paket plots, um auch die Tangenten in den Punkten mit $x = 1$ und $x = 5$ einzuzeichnen.

Überlegen Sie sich, zunächst ohne MAPLE einzusetzen:

Aufgabe 7.30 Was stimmt? Die Funktion muss für $x \to -\infty$ gegen

(a) $+\infty$
(b) $-\infty$

streben.

Aufgabe 7.31 Was stimmt?

(a) Man muss in dieser Aufgabe ein lineares Gleichungssystem lösen.
(b) Es treten auch nicht-lineare Gleichungen auf.

Aufgabe 7.32 Verschaffen Sie sich nun mit MAPLE numerisch die kleinste reelle Nullstelle der Lösung und geben Sie die größte ganze Zahl an, die kleiner als diese Nullstelle ist.

8 Taylor-Entwicklung

Mathematische Inhalte:

Potenzreihen, Taylor-Entwicklung

Stichworte (MAPLE):

diff, D, taylor, convert(...,polynom), piecewise

In diesem Kapitel wollen wir uns mit der Differenzierbarkeit von Funktionen und der Taylor-Entwicklung befassen.

8.1 Differenzierbare Funktionen

Geben Sie in MAPLE ein:

```
diff(exp(a*x),x);
diff(exp(a*x),[x$1]);
diff(diff(exp(a*x),x),x);
diff(exp(a*x),[x$2]);
```

Aufgabe 8.1 Wahr oder falsch? Mit dem Befehl diff(f(x),[x$9]) wird die neunte Ableitung einer Funktion f:=x-> ... in MAPLE berechnet.

Berechnen Sie mithilfe des Befehls diff die Ableitung einer Funktion, die nicht überall differenzierbar ist, etwa des Absolutbetrags abs.

Aufgabe 8.2 Was stimmt?

(a) Die Ausgabe von diff(abs(x),x) ist abs(1,x).
(b) Die Ausgabe von diff(abs(x),x) ist Error, (in simpl/abs) abs is not differentiable at 0.
(c) Die Ausgabe von abs(1,2) ist 1.
(d) Die Ausgabe von abs(1,0) ist Error, (in simpl/abs) abs is not differentiable at 0.

Überlegen Sie sich nun ähnlich wie in Abschnitt 7.1, dass die Funktion $f : \mathbb{R} \setminus \{0\} \to \mathbb{R}$ mit $f(x) = \exp(-1/x^2)$ zu einer unendlich oft differenzierbaren Funktion auf ganz $\mathbb{R}$ fortgesetzt werden kann. Geben Sie nun in MAPLE ein:

```
f:=x->exp(-1/x^2);
plot(f);
diff(f(x),x);
```

Aufgabe 8.3 Was ist die letzte Ausgabe von MAPLE?

(a) $f(1, x)$
(b) Eine Fehlermeldung.
(c) $2 \exp(-1/x^2)/x^3$

Definieren Sie nun die erste Ableitung von f mithilfe des Befehls unapply als eine MAPLE-Funktion namens f1 und werten Sie f1 in $x = 2$ und $x = 0$ aus.

```
f1:=unapply(diff(f(x),x),x);
f1(2);
f1(0);
limit(f1(x),x=0);
```

Aufgabe 8.4 Was ist die letzte Ausgabe von MAPLE?

Betrachten Sie nun die Funktion

$$F : \mathbb{R} \to \mathbb{R}, \qquad F(x) := \begin{cases} \exp(-1/x^2) & \text{für } x < 0 \\ 0 & \text{für } x \geq 0 \end{cases}$$

Sie können Funktionen dieser Art in MAPLE mithilfe des Befehls
piecewise eingeben:

```
F1:=x->piecewise(x<0,exp(-1/x^2));
plot(F1(x),x=-2..2);
F1(1);

F2:=x->piecewise(x<0,exp(-1/x^2),0);
plot(F2(x),x=-2..2);
F2(1);
```

Aufgabe 8.5 Definieren die beiden Codes
F1:=x-> piecewise(x<0,exp(-1/x^2)) und
F2:=x-> piecewise(x<0,exp(-1/x^2),0)
dieselbe Funktion?

Sehen Sie in der MAPLE-Hilfe nach, wie Sie piecewise noch allge-
meiner verwenden können.
Auch stückweise gegebene differenzierbare Funktionen können von
MAPLE differenziert werden. Geben Sie zur Illustration ein:

```
diff(F1(x),x);
F1d:=unapply(diff(F1(x),x), x);
F1d(0);
```

Aufgabe 8.6 Was ist die letzte Ausgabe von MAPLE?

Der vorangehende Code ist unelegant; man sollte stattdessen den
MAPLE-Befehl D benutzen. Lesen Sie in der MAPLE-Hilfe den Eintrag
zum Befehl D. Geben Sie in MAPLE ein:

```
g:=x->ln(x);
D(g);
D(ln);
D(ln(x));
```

Aufgabe 8.7 Welcher der obigen Befehle gibt *nicht* die Ableitung der Logarithmusfunktion aus?

(a) `D(g);`
(b) `D(ln);`
(c) `D(ln(x));`

Aufgabe 8.8 Wahr oder falsch? `D(g)` gibt die Ableitung von `g` als MAPLE-Funktion aus, d.h. etwa `D(g)(3)` gibt den Wert der Ableitung von `g` an der Stelle $x = 3$ aus.

Aufgabe 8.9 Wahr oder falsch? `D(F1)` definiert die Ableitung von `F1` (wie oben) als MAPLE-Funktion.

Betrachten Sie nun auch partielle Ableitungen von Funktionen $f : \mathbb{R}^n \to \mathbb{R}$ in MAPLE. Geben Sie etwa ein

```
h:=(x,y)->ln(x^2+y^2);
diff(h(x,y),x);
D[1](h);
D[2](h);
D[1,2](h);
D[1$2,2$1](h);
D[1$3,2$1](h);
```

Aufgabe 8.10 Welcher partiellen Ableitung entspricht der Befehl D[2](h) für h wie oben?

(a) $\frac{\partial}{\partial x} h(x,y)$

(b) $\frac{\partial^2}{\partial x^2} h(x,y)$

(c) $\frac{\partial}{\partial y} h(x,y)$

Aufgabe 8.11 Welcher partiellen Ableitung entspricht der Befehl D[1$3,2$1](h) für h wie oben?

(a) $\frac{\partial}{\partial x}\frac{\partial}{\partial y} h(x,y)$

(b) $\frac{\partial^3}{\partial x^3}\frac{\partial}{\partial y} h(x,y)$

(c) $\frac{\partial^3}{\partial x^3}\frac{\partial^2}{\partial y^2} h(x,y)$

Wir werden Ableitungen von Funktionen $f : \mathbb{R}^2 \to \mathbb{R}$ in Kapitel 9 näher untersuchen.

Betrachten Sie zum Schluss die Funktionen

$$h_1 : \mathbb{R}_{>0} \to \mathbb{R}_{>0} , \qquad h_1(x) = \sqrt{x}$$
$$h_2 : \mathbb{R}_{>0} \to \mathbb{R}_{>0} , \qquad h_2(x) = x^2$$

sowie

$$g_1 : \mathbb{R}_{>0} \to \mathbb{R}_{>0} , \qquad g_1(x) = \exp(x)$$
$$g_2 : \mathbb{R}_{>0} \to \mathbb{R}_{>0} , \qquad g_2(x) = \ln(x)$$

und beantworten Sie folgende Frage (Sie können dafür entweder MAPLE zur Hilfe nehmen, oder die Frage direkt beantworten):

Aufgabe 8.12 Welche der folgenden Aussagen über die Ableitungen h_1' und h_2', beziehungsweise g_1' und g_2' der oben definierten Funktionen, ist bzw. sind richtig?

(a) $h_1'(x) = \frac{1}{h_2'(h_1(x))}$ für alle $x \in \mathbb{R}_{>0}$

(b) $h_2'(x) = \frac{1}{h_1'(h_2(x))}$ für alle $x \in \mathbb{R}_{>0}$

(c) $h_2'(x) = -\frac{h_1'(x)}{h_2(x)^2}$ für alle $x \in \mathbb{R}_{>0}$

(d) $g_1'(x) = \frac{1}{g_2'(g_1(x))}$ für alle $x \in \mathbb{R}_{>0}$

(e) $g_2'(x) = \frac{1}{g_1'(g_2(x))}$ für alle $x \in \mathbb{R}_{>0}$

8.2 Taylor-Entwicklung

Wir wollen uns nun mit der Taylor-Entwicklung differenzierbarer Funktionen beschäftigen. Lesen Sie dazu beispielsweise Kapitel 8.4 in

- M. Barner, F. Flohr, Analysis I, de Gruyter, 2000.

Betrachten Sie zunächst Potenzreihen der Form

$$\sum_{k=0}^{\infty} \frac{c_k}{k!} x^k \qquad (8.1)$$

in $\mathbb{R}$ mit $c_k \in \mathbb{R}$ für alle $k \geq 0$.

Aufgabe 8.13 Was gilt für die Potenzreihe (8.1) mit $c_k = (k!)^2$ für alle $k \geq 0$?

(a) Die Reihe konvergiert für kein $x \in \mathbb{R} \setminus \{0\}$.

(b) Die Reihe konvergiert für alle x in einer Umgebung von 0. Es gibt einen Konvergenzradius $r \in (0, \infty]$, so dass die Reihe für alle $x \in \mathbb{R}$ mit $|x| < r$ konvergiert und für alle $x \in \mathbb{R}$ mit $|x| > r$ divergiert.

(c) Der Konvergenzradius r der Potenzreihe ist 1.

(d) Der Konvergenzradius r der Potenzreihe ist ∞.

Aufgabe 8.14 Was gilt für die Potenzreihe (8.1) mit $c_k = k!$ für alle $k \geq 0$?

(a) Die Reihe konvergiert für kein $x \in \mathbb{R} \setminus \{0\}$.

(b) Die Reihe konvergiert für alle x in einer Umgebung von 0. Es gibt einen Konvergenzradius $r \in (0, \infty]$, so dass die Reihe für alle $x \in \mathbb{R}$ mit $|x| < r$ konvergiert und für alle $x \in \mathbb{R}$ mit $|x| > r$ divergiert.

(c) Der Konvergenzradius r der Potenzreihe ist 1.

(d) Der Konvergenzradius r der Potenzreihe ist ∞.

Aufgabe 8.15 Sei $r > 0$. Gibt es Wahlen von c_k in (8.1), so dass die Potenzreihe für alle $x \in \mathbb{R}$ mit $|x| < r$ konvergiert, für ein $y \in \mathbb{R}$ mit $|y| > r$ divergiert und für ein $z \in \mathbb{R}$ mit $|z| > |y|$ wieder konvergiert?

Aufgabe 8.16 Sei $r > 0$ der Konvergenzradius der Potenzreihe (8.1). Was stimmt?

(a) Die Potenzreihe konvergiert auf Kompakta in $(-r, r)$ sogar gleichmäßig.

(b) Die Potenzreihe konvergiert für $|x| \leq r$ sogar gleichmäßig.

(c) Wenn die Potenzreihe sogar für alle $|x| \leq r$ konvergiert, dann ist die Grenzfunktion als Funktion von x auf $[-r, r]$ stetig.

Betrachten wir nun die Taylor-Entwicklung differenzierbarer Funktionen $f : \mathbb{R} \to \mathbb{R}$. Wir bezeichnen hierbei mit $f^{(l)}$ für $l \geq 1$ die l-te Ableitung einer mindestens l-fach differenzierbaren Funktion f. Für $l = 0$ verabreden wir die Konvention $f^{(0)} := f$ und für $l = 1$ wie üblich $f^{(1)} := f'$.

Überlegen Sie zunächst:

Aufgabe 8.17 Wahr oder falsch? Sei $f : \mathbb{R} \to \mathbb{R}$ in $a \in \mathbb{R}$ eine n-fach differenzierbare Funktion. Dann gibt es ein *eindeutig* bestimmtes Polynom $t \in \mathbb{R}[X]$ vom Grad $\leq n$ mit $t(a) = f(a)$ und $t^{(l)}(a) = f^{(l)}(a)$ für $l = 0, \ldots, n$.

Das Taylor-Polynom in $a \in \mathbb{R}$ der Ordnung n einer in $a \in \mathbb{R}$ n-fach differenzierbaren Funktion f ist die polynomiale Funktion

$$t_n^{(f,a)}(x) := \sum_{l=0}^{n} \frac{1}{l!} \, f^{(l)}(a) \, (x-a)^l \ .$$

Offensichtlich gilt $\frac{\mathrm{d}^l}{\mathrm{d}x^l} \, t_n^{(f,a)}(a) = f^{(l)}(a)$ für $l = 0, \ldots, n$. Für eine in $a \in \mathbb{R}$ unendlich oft differenzierbare Funktion f wird die Folge der Taylor-Polynome $T^{(f,a)}(x) = \sum_{k=0}^{\infty} \frac{1}{k!} f^{(k)}(a) \, (x-a)^k$ als Taylor-Reihe von f in a bezeichnet.

Machen Sie sich bitte klar: In einem Taylor-Polynom der Ordnung $m \geq n$ legt die n-te Ableitung der Funktion an der Stelle a den Koeffizienten von $(x-a)^n$ fest. Insbesondere approximiert das Taylor-Polynom $t_1^{(f,a)}$ erster Ordnung die Funktion f in einer Umgebung des Entwicklungspunktes a linear,

$$f(x) = t_1^{(f,a)}(x) + R_1^{(f,a)}(x) = f(a) + f'(a)(x-a) + R_1^{(f,a)}(x) \ .$$

Das Restglied R_1 hängt im allgemeinen auch vom Entwicklungspunkt a ab.

Sehen Sie sich die MAPLE-Hilfe zum Befehl `taylor` an und probieren Sie folgenden Code aus:

```
taylor(sqrt(1+x),x=0);
taylor(sqrt(1+x),x=0,6);
taylor(sqrt(1-x),x=0,5);
convert(taylor(sqrt(1-x),x=0,5),polynom);
g:=unapply(convert(taylor(sqrt(1-x),x=0),polynom),x);
plot([g(x),sqrt(1-x)],x=0..1,color=[red,blue]);
```

Hierbei steht `sqrt` für die Wurzelfunktion (Quadratwurzel heißt auf englisch *square root*).

Aufgabe 8.18 Von welchem MAPLE-Typ ist die Ausgabe von `taylor(sqrt(1+x),x=0,6)`?

(a) *polynom*   (b) *series*   (c) *sequence*

Mithilfe des Befehls `convert(taylor(sqrt(1+x),x=0,6),polynom)` können Sie die berechnete Taylor-Entwicklung in einen Ausdruck umwandeln, den MAPLE als Polynom erkennt.

Aufgabe 8.19 Welcher MAPLE-Code gibt für eine Funktion f das Taylor-Polynom fünfter Ordnung $t_5^{(f,0)}$ aus?

(a) `convert(taylor(f(x),x=0,5),polynom);`
(b) `convert(taylor(f(x),x=0,6),polynom);`

Aufgabe 8.20 Was passiert, wenn Sie die Routine `taylor` auf eine im Entwicklungspunkt nicht-differenzierbare Funktion f, etwa den Absolutbetrag, anwenden?

(a) Es erfolgt keine Ausgabe.
(b) Es erfolgt eine Fehlermeldung.

Geben Sie nun

```
taylor((1+x)^s,x=0);
g:=unapply(convert(taylor((1+x)^s,x=0),polynom),s,x);
```

in MAPLE ein.

Aufgabe 8.21 Was gilt? Die Taylor-Entwicklung von $(1 + x)^s$ für $s \in \mathbb{R}$ um den Entwicklungspunkt 0 ist

(a) $\sum_{k=0}^{\infty} \frac{s(s-1)\cdots 2\cdot 1}{k!}\, x^k$

(b) $\sum_{k=0}^{\infty} \frac{s(s-1)\cdots(s-k+1)}{k!}\, x^k$

(c) Das hängt vom Vorzeichen von s ab.

Verwenden Sie die in Aufgabe 8.21 bestimmte Taylor-Entwicklung, um den Funktionswert $f(3000)$ der Funktion $f(x) = x^{1/5}$ näherungsweise zu berechnen. Schreiben Sie hierzu $3000 = 5^5\, 24/25$ und somit $f(3000) = 5\,(1 - 1/25)^{1/5}$. Verwenden

Sie die Taylor-Entwicklung von $(1 + x)^{1/5}$ bis auf das Restglied R_1, berechnen Sie also lediglich die lineare Näherung. Vergleichen Sie das Ergebnis mit dem Wert `evalf(3000^(1/5))`. Vergleichen Sie dies mit dem Fehler, den Sie erhalten, wenn Sie $(1 + 2999)^{1/5}$ in erster Ordnung um den Punkt $a = 1$ entwickeln. In Abschnitt 2.2 können Sie Reihendarstellungen für $\log 2$ und die Zahl π untersuchen, die auch ein verbessertes Konvergenzverhalten aufweisen.

Aufgabe 8.22 Betrachten Sie nun speziell die Taylor-Entwicklung von $(1 - x)^{-1}$. Vergleichen Sie diese mit der Potenzreihe aus Aufgabe 8.14. Geben Sie den Konvergenzradius an.

Berechnen Sie nun für eine Reihe Ihnen bekannter Funktionen die Taylor-Entwicklung. Verwenden Sie dabei zum Beispiel die folgende Routine `taylorliste:=proc(f,a,n)`, die die Taylor-Polynome einer Funktion f um den Entwicklungspunkt a bis zur n-ten Ordnung bestimmt:

```
taylorliste:=proc(f,a,n);
 seq(convert(taylor(f(x),x=a,i),polynom),i=1..n+1);
end;

g:=x->sqrt(1-x);
taylorliste(g,0,7);
```

Sehen Sie sich auch jeweils die zugehörigen Funktionsgraphen an, etwa mithilfe von

```
  # alle Graphen in einer Graphik:
plot([g(x),taylorliste(g,0,7)],x=-2..1);
  # Graphen einzeln:
for i to 7 do
      plot([g(x),taylorliste(g,0,7)[i]],x=-2..1) od;
```

Aufgabe 8.23 Wahr oder falsch? Die Taylor-Reihen von cos und sin um den Entwicklungspunkt 0 sind gleich den aus der Exponentialreihe abgeleiteten Reihendarstellungen der beiden Funktionen.

Beantworten Sie auch die beiden folgenden allgemeinen Fragen zu Taylor-Reihen.

Aufgabe 8.24 Sei $f \in C^\infty(\mathbb{R})$ ungerade Funktion, d.h. $f(-x) = -f(x)$ für alle $x \in \mathbb{R}$. Was stimmt? Die Taylor-Reihe $T^{(f,0)}(x)$ um 0 enthält ausschließlich

(a) gerade Potenzen von x.
(b) ungerade Potenzen von x.
(c) Darüber kann man im allgemeinen keine Aussage machen.

Aufgabe 8.25 Sei $f \in C^\infty(\mathbb{R})$ gerade Funktion, d.h. $f(-x) = f(x)$ für alle $x \in \mathbb{R}$. Was stimmt? Die Taylor-Reihe $T^{(f,0)}(x)$ um 0 enthält ausschließlich

(a) gerade Potenzen von x.
(b) ungerade Potenzen von x.
(c) Darüber kann man im allgemeinen keine Aussage machen.

Betrachten Sie nun die Taylor-Entwicklung des Cosinus hyperbolicus, $\cosh(x) = \frac{1}{2}(\exp(x) + \exp(-x))$. Geben Sie etwa

```
taylorliste(cosh,0,7);
plot([cosh(x),taylorliste(cosh,0,4)],x=-2..2);
```

in MAPLE ein.

Aufgabe 8.26 Was stimmt? Für die Taylor-Polynome $t_n := t_n^{(\cosh,0)}$ des Cosinus hyperbolicus cosh um den Entwicklungspunkt 0 gilt:

(a) $t_n(x) \geq t_{n+1}(x)$ für alle $x \in \mathbb{R}$ und alle $n \in \mathbb{N}$
(b) $t_n(x) \leq t_{n+1}(x)$ für alle $x \in \mathbb{R}$ und alle $n \in \mathbb{N}$
(c) $t_n(x) \leq \cosh(x)$ für alle $x \in \mathbb{R}$ und alle $n \in \mathbb{N}$
(d) Alle Aussagen sind falsch.

Aufgabe 8.27 Konvergiert die Taylor-Reihe $T^{(\cosh,0)}(x)$ von cosh um den Entwicklungspunkt 0 für alle $x \in \mathbb{R}$ gegen $\cosh(x)$?

Aufgabe 8.28 Konvergiert sie auf allen Kompakta in $\mathbb{R}$ *gleichmäßig* gegen cosh?

Überzeugen Sie sich nun davon, dass Sie eine Fehlermeldung erhalten, wenn Sie `taylor(exp(-1/x^2),x=0)` eingeben.

Betrachten Sie nun die Funktion $f : \mathbb{R} \to \mathbb{R}$ mit $f(x) = \exp(-1/x^2)$ für $x \neq 0$ und $f(0) = 0$. Überlegen Sie, ohne den MAPLE-Befehl `taylor` zu verwenden, was für die Taylor-Reihe von f um den Entwicklungspunkt 0 gilt. Denken Sie dabei an die Diskussion dieser Funktion in Abschnitt 8.1.

Aufgabe 8.29 Was ist richtig?

(a) Die Taylor-Reihe von f um den Entwicklungspunkt $a = 0$ konvergiert für alle $x \in \mathbb{R}$.

(b) Die Taylor-Reihe von f um den Entwicklungspunkt $a = 0$ konvergiert in einer Umgebung der 0 gegen die Funktion f.

(c) Beide Aussagen sind falsch.

Es gibt also unendlich oft differenzierbare Funktionen $f : \mathbb{R} \to \mathbb{R}$, deren Taylor-Entwicklung auf einer offenen Umgebung U des Entwicklungspunktes gegen eine stetige Funktion g konvergiert – und das sogar gleichmäßig auf Kompakta, die in U enthalten sind –, deren Grenzfunktion g der Taylor-Reihe jedoch nicht auf U mit der Funktion f selbst übereinstimmt.

Für differenzierbare Funktionen im Komplexen, $f : \mathbb{C} \to \mathbb{C}$, sagt die Taylor-Reihe dagegen sehr viel mehr über die Funktion aus als im reellen Fall. Ist nämlich eine Funktion $f : \mathbb{C} \to \mathbb{C}$ auf einer offenen Kreisscheibe $D \subset \mathbb{C}$ komplex differenzierbar, so ist sie auf D sogar unendlich oft differenzierbar und es gilt für alle $w \in D$: Die Taylor-Reihe $\sum_{k=0}^{\infty} f^{(k)}(w)/k! \, (z - w)^k$ um w konvergiert für alle $z \in D$ gegen den Funktionswert $f(z)$. Mehr darüber lernen Sie in der Funktionentheorie.

Betrachten Sie nun die reellwertige Funktion $f(x) = \cos(x)\,(x^3 - x)$ auf $\mathbb{R}$. Lassen Sie sich zunächst den Graphen von f von MAPLE auf einem geeigneten Definitionsbereich ausgeben.

Aufgabe 8.30 Wie viele echte Extrema besitzt f auf dem Intervall $(-2, 2)$?

Versuchen Sie, aus dem Graphen einen Wendepunkt aus $(-2, 2)$ von f zu erraten und überprüfen Sie Ihre Vermutung mithilfe der Eingabe D(D(f))(...). Finden Sie den kleinsten nicht-negativen Wert $x_0 \in (-2, 2)$, der Wendepunkt ist.

Berechnen Sie das Taylor-Polynom erster Ordnung von f um den Entwicklungspunkt x_0.

Aufgabe 8.31 Was ist der höchste Koeffizient diese Polynoms?

Bestimmen Sie numerisch mithilfe der Befehle D sowie solve und evalf ein Extremum $x_m \in (-2, 2)$ von f. Berechnen Sie das Taylor-Polynom erster Ordnung von f um den Entwicklungspunkt x_m.

Lassen Sie sich von MAPLE die Funktionsgraphen der beiden Taylor-Polynome erster Ordnung um x_0 beziehungsweise um x_m sowie von f ausgeben, etwa mit folgendem Code

```
plot([f(x),convert(taylor(f(x),x=..,2),polynom),
        convert(taylor(f(x),x=..,2),polynom)],
    x=-2..2);
```

Überlegen Sie sich, warum das Taylor-Polynom erster Ordnung um den Wendepunkt x_0 die Funktion f besonders gut in einer Umgebung von x_0 annähert.

Betrachten Sie auch die Graphen höherer Taylor-Polynome,

```
h:=x->cos(x)*(x^3-x);
plot([h(x),taylorliste(h,0,6)],x=-2..2);
plot([h(x),taylorliste(h,0.5,6)],x=-2..2);
```

Beantworten Sie zum Abschluss noch folgende qualitative Frage:

Aufgabe 8.32 Wahr oder falsch? Die Taylor-Polynome einer Funktion f bilden weit weg vom Entwicklungspunkt im allgemeinen eine schlechtere Approximation der Funktion f als in der Nähe des Entwicklungspunkts.

9 Reelle Funktionen mehrerer Variabler

Mathematische Inhalte:

Symmetrische Matrizen, Determinantenkriterium, Hesse-Matrix, Gradient

Stichworte (MAPLE):

plot3d

Wir wollen in diesem Kapitel reellwertige Funktionen von mehreren reellen Variablen untersuchen.

9.1 Symmetrische Matrizen

Da die Hesse-Matrix symmetrisch ist, befassen wir uns vorbereitend mit der Frage, wie man feststellen kann, ob eine symmetrische Matrix $A \in M(n \times n, \mathbb{R})$ positiv oder negativ definit ist, ohne die Eigenwerte bestimmen zu müssen.

Aufgabe 9.1 Sei also $A \in M(n \times n, \mathbb{R})$ eine symmetrische Matrix mit reellen Einträgen. Welche der folgenden Aussagen sind richtig?

(a) Eine solche Matrix ist stets über $\mathbb{R}$ diagonalisierbar.

(b) Eine solche Matrix kann nur reelle Eigenwerte haben.

(c) Eine solche Matrix hat stets n verschiedene Eigenwerte.

(d) Ist eine solche Matrix positiv definit, so ist sie *ähnlich* zur Einheitsmatrix.

(e) Ist eine solche Matrix positiv definit, so ist sie *kongruent* zur Einheitsmatrix.

Betrachten Sie zum Vergleich die positiv definite Matrix

$$A := \begin{pmatrix} 2 & 0 \\ 0 & 1 \end{pmatrix} \in M(2 \times 2, \mathbb{Q})$$

über dem Körper $\mathbb{Q}$ der *rationalen* Zahlen.

Aufgabe 9.2 Ist die Matrix A über $\mathbb{Q}$ kongruent zur Einheitsmatrix E, gibt es also eine invertierbare Matrix $S \in M(2 \times 2, \mathbb{Q})$ mit $SAS^t = E$? Hinweis: Betrachten Sie geeignete Determinanten.

Wir wollen nun Kriterien finden, mit denen man leicht feststellen kann, ob eine symmetrische Matrix $A \in M(n \times n, \mathbb{R})$ positiv definit ist.

Aufgabe 9.3 Sei $A \in M(n \times n, \mathbb{R})$ symmetrisch und sei

$$t^n + \alpha_{n-1}t^{n-1} + \ldots + \alpha_1 t + \alpha_0 = \det(tE_n - A)$$

das normierte charakteristische Polynom von A. Welche der folgenden Aussagen sind richtig? (Literaturhinweis: [Fischer, 5.7.3 und 1.3.11].

(a) A ist genau dann positiv definit, wenn $(-1)^{n-j}\alpha_j$ für alle $j = 0, \ldots n - 1$ strikt positiv ist. (Die Vorzeichen der Koeffizienten sind also insbesondere alternierend.)

(b) A ist genau dann negativ definit, wenn α_j für alle $j = 0, \ldots n-1$ strikt positiv ist.

(c) A ist genau dann positiv definit, wenn α_j für alle $j = 0, \ldots n-1$ strikt positiv ist.

Aufgabe 9.4 Was stimmt?

(a) Treten bei einer symmetrischen Matrix sowohl positive als auch negative Werte auf der Hauptdiagonalen auf, so ist die Matrix notwendiger Weise indefinit.

(b) Es gibt symmetrische Matrizen, deren Hauptdiagonaleinträge alle positiv sind, die aber dennoch nicht positiv definit sind.

Verschaffen Sie sich nun mehrere quadratische symmetrische Matrizen verschiedener Größe und schreiben Sie eine Routine, die mithilfe von MAPLE das charakteristische Polynom berechnet und mit dem Kriterium aus Aufgabe 9.3 testet, ob die Matrix positiv definit ist. Da dieselben Matrizen im nächsten Abschnitt noch auf andere Eigenschaften hin untersucht werden sollen, sollten Sie sich zunächst eine Liste von Matrizen erzeugen, die Sie untersuchen möchten, oder die untersuchten Matrizen jeweils mit einem Namen versehen.

Laden Sie zunächst das Paket LinearAlgebra. Überzeugen Sie sich dann davon, dass der Code

```
A:=RandomMatrix(3);
As:=A+Transpose(A);
```

eine symmetrische 3×3-Matrix mit ganzzahligen Einträgen erzeugt. Verwenden Sie dann den Befehl coeff, um die Koeffizienten des charakteristischen Polynoms zu bestimmen:

```
CharacteristicPolynomial(As,x);
# Liste der Koeffizienten a0,...,a3:
[seq(coeff(CharacteristicPolynomial(As,x),x,i),
    i=0..3)];
```

Achten Sie darauf, mithilfe der eckigen Klammern eine geordnete Liste coeffListe zu erzeugen, damit Sie die Vorzeichen der Koeffizienten in der richtigen Reihenfolge untersuchen können.

Überprüfen Sie mithilfe des Befehls Eigenvalues, ob Sie das richtige Kriterium aus Aufgabe 9.3 gewählt haben. Möglicherweise müssen Sie auf das Ergebnis von Eigenvalues noch den Befehl evalf anwenden und Rundungsfehler vernachlässigen. Sie sehen somit auch: das Kriterium aus Aufgabe 9.3 ist einfacher zu handhaben als das Bestimmen der Eigenwerte, selbst wenn Ihnen ein Computer zur Verfügung steht, mit dem Sie die Eigenwerte auch größerer Matrizen bestimmen können.

9.2   Hauptunterdeterminanten

Wir führen nun den Begriff der Hauptunterdeterminante ein: Sei S eine Untermenge der Menge $\{1, 2, \ldots, n\}$. Sei A_S die quadratische

Matrix, in der wir nur die Zeilen und Spalten von A beibehalten, deren Index in S liegt. Die Determinante $\det A_S$ heißt Hauptunterdeterminante für S.

Wir betrachten nun speziell den Fall $S = \{1, 2, \ldots k\}$ mit $1 \leq k \leq n$. Die Matrix A_S ist dann die $k \times k$-Untermatrix in der linken oberen Ecke von A. Wir bezeichnen diese Untermatrix mit $A_{(k)}$. Um die speziellen Hauptunterdeterminanten $\det A_{(k)}$ mithilfe von MAPLE zu bestimmen, sehen Sie sich zunächst folgenden Beispielkode an (siehe auch S.47):

```
A:=Matrix([[1,0,1],[0,0,0],[1,0,0]]);
A1:=A[1,1];
A2:=A[1..2,1..2];

AUnter:=k->A[1..k,1..k];
AUnter(3);
whattype(AUnter(3));

Determinant(AUnter(3));
```

Testen Sie mit den in Abschnitt 9.1 untersuchten quadratischen Matrizen, welche der folgenden Aussagen korrekt sind, und versuchen Sie, diese zu beweisen. Literaturhinweis: Kapitel VII, §5, in

- F. Lorenz, Lineare Algebra II, Spektrum Akademischer Verlag, 2005.

Aufgabe 9.5 Welche Aussagen stimmen?

(a) Ist eine Matrix A positiv definit, so sind alle speziellen Hauptunterdeterminanten $\det A_{(k)}$ strikt positiv.

(b) Sind alle speziellen Hauptunterdeterminanten $\det A_{(k)}$ strikt positiv, so ist die Matrix A positiv definit.

(c) Ist eine Matrix A positiv semidefinit, so gilt für alle speziellen Hauptunterdeterminanten $\det A_{(k)} \geq 0$ für alle $1 \leq k \leq n$.

(d) Es gibt Matrizen, für deren sämtliche speziellen Hauptunterdeterminanten $\det A_{(k)}$ gilt $\det A_{(k)} \geq 0$, die aber indefinit sind.

Tiefer liegt die folgende Aussage: eine quadratische Matrix ist genau dann positiv semidefinit, wenn *sämtliche* Hauptunterdeterminanten – also A_S für alle Teilmengen $S \subseteq \{1, 2, \ldots, n\}$ – nicht-negativ sind. Betrachten Sie mit MAPLE Beispiele von quadratischen Matrizen, für die

$$d_k := \det A_{(k)} \neq 0$$

für alle $k = 1, 2, \ldots, n$ gilt. Sei $\nu(A)$ die Zahl der Vorzeichenwechsel in der Folge $(d_k)_{k=1,\ldots,n}$. Vergleichen Sie experimentell die Zahl der Vorzeichenwechsel mit der Zahl $s(A)$ der negativen Eigenwerte von A, dem so genannten Trägheitsindex. Verwenden Sie den Befehl evalf(Eigenvalues(..)) und vernachlässigen Sie offensichtliche Rundungsfehler.

Aufgabe 9.6 Was stellen Sie fest?

(a) Es gilt Gleichheit, $\nu(A) = s(A)$.

(b) Es gilt die Ungleichung, $\nu(A) \geq s(A)$, und es gibt Fälle, in denen die Ungleichung strikt ist.

(c) Es gilt die Ungleichung, $\nu(A) \leq s(A)$, und es gibt Fälle, in denen die Ungleichung strikt ist.

(d) Es gilt die Gleichheit, $\nu(A) = n - s(A)$.

9.3   Hessesche Matrix und Gradient

Sei $f : \mathbb{R}^n \to \mathbb{R}$ eine unendlich oft differenzierbare Funktion. Machen Sie sich nochmals den Begriff des Gradienten und der Hesseschen Matrix an einem Punkt $x \in \mathbb{R}^n$ klar, siehe [Forster 2, Kap. I §5,§7].

Aufgabe 9.7 Geben Sie die wahren Aussagen an!

(a) Besitzt f in $x \in \mathbb{R}^n$ ein lokales Extremum, so verschwindet der Gradient, $\operatorname{grad} f(x) = 0$.

(b) Verschwindet der Gradient in einem Punkt $x \in \mathbb{R}^n$, also $\operatorname{grad} f(x) = 0$, so hat f in diesem Punkt ein lokales Extremum.

(c) Verschwindet der Gradient und ist die Hessesche Matrix positiv definit, so besitzt f ein striktes lokales Maximum.

(d) Verschwindet der Gradient und ist die Hessesche Matrix positiv definit, so besitzt f ein striktes lokales Minimum.

(f) Besitzt f ein striktes lokales Minimum, so muss die Hessesche Matrix positiv definit sein.

Betrachten Sie nun den folgenden Beispielkode:

```
plot3d(x^2-y^2, x=-1..1, y=-1..1,axes=normal);
```

Nach Anklicken der Zeichnung mit der rechten Maustaste können Sie die Orientierung der Zeichnung durch Bewegen der Maus verändern. Durch eine Veränderung des Wertebereichs können Sie sich Details des Graphen ansehen. Die Option `axes=normal` sorgt dafür, dass die Koordinatenachsen angezeigt werden.

Es gibt im Paket `VectorCalculus` vordefinierte Befehle `Gradient` und `Hesse`. Diese sollten Sie jedoch nicht verwenden, da die in diesem Paket verwendete Notation für unsere Zwecke eher ungeeignet ist. Probieren Sie vielmehr aus:

```
f:=(x,y)->x^2-y^2;
Gradient := unapply(
Vector([diff(f(x,y),x), diff(f(x,y),y)]),x,y);
Hesse :=unapply(
    Matrix([[diff(f(x,y),x$2), diff(diff(f(x,y),y),x)],
    [diff(diff(f(x,y),y),x), diff(f(x,y),y$2)]]),x,y);

Gradient(x,y);
Gradient(0,0);
Hesse(x,y);
Hesse(0,0);
```

Aufgabe 9.8 Was stimmt? Für die Funktion $f(x, y) = x^2 - y^2$ gilt:

(a) Der Gradient der Funktion verschwindet im Ursprung.
(b) Es liegt im Ursprung ein lokales Extremum vor.
(c) Die Hessesche muss im Ursprung indefinit sein.
(d) Die Hessesche ist im Ursprung positiv definit.

Aufgabe 9.9 Betrachten Sie nun ebenso die Funktion
$f(x, y) = x^2 + y^2$. Was stimmt?

(a) Der Gradient der Funktion verschwindet im Ursprung.
(b) Es liegt im Ursprung ein lokales Extremum vor.
(c) Die Hessesche muss im Ursprung indefinit sein.
(d) Die Hessesche im Ursprung ist positiv definit.

Aufgabe 9.10 Betrachten Sie nun die Funktion
$f(x, y) = x^3 - 3 x y^2$. Was stimmt?

(a) Der Gradient der Funktion verschwindet im Ursprung.
(b) Es liegt im Ursprung ein lokales Extremum vor.
(c) Die Hessesche ist im Ursprung ausgeartet.
(d) Die Hessesche im Ursprung ist negativ definit.

Aufgabe 9.11 Betrachten Sie nun die Funktion
$f(x, y) = \cos(x) \cos(y)$. Was stimmt?

(a) Der Gradient der Funktion verschwindet im Ursprung.
(b) Es liegt im Ursprung ein lokales Extremum vor.
(c) Die Hessesche muss im Ursprung ausgeartet sein.
(d) Die Hessesche im Ursprung ist negativ definit.

Aufgabe 9.12 Betrachten Sie nun die Funktion $f(x, y) = x^2 \cos(y)$. Was stimmt?

(a) Der Gradient der Funktion verschwindet im Ursprung.
(b) Es liegt im Ursprung ein lokales Extremum vor.
(c) Die Hessesche muss im Ursprung indefinit sein.
(d) Die Hessesche ist im Ursprung positiv semidefinit.

Aufgabe 9.13 Betrachten Sie nun die Funktion $f(x, y) = x^2 \sin(y)$. Was stimmt?

(a) Der Gradient der Funktion verschwindet im Ursprung.
(b) Es liegt im Ursprung ein lokales Extremum vor.
(c) Die Hessesche muss im Ursprung indefinit sein.
(d) Die Hessesche ist im Ursprung ausgeartet.

Aufgabe 9.14 Betrachten Sie nun die Funktion
$f(x, y) = \cosh(y) - \cosh(x)$. Was stimmt?

(a) Der Gradient der Funktion verschwindet im Ursprung.
(b) Es liegt im Ursprung ein lokales Extremum vor.
(c) Die Hessesche muss im Ursprung indefinit sein.
(d) Die Hessesche ist im Ursprung positiv semidefinit.

10 Quadriken und Kegelschnitte

Mathematische Inhalte:

Lösungsmengen reeller quadratischer Gleichungen, Kegelschnitte, Parametrisierung von Lösungsmengen

Stichworte (MAPLE):

`implicitplot`, `implicitplot3d`, `cone`, `combine`, Parameter-Plots

Wir wollen in diesem Kapitel die Geometrie von Lösungsmengen reeller quadratischer Gleichungen in mehreren Variablen, so genannter Quadriken, untersuchen. Als zusätzliche Referenz für dieses Kapitel verweisen wir auf

- G. Fischer: Analytische Geometrie, Vieweg 1978, Kapitel 1.4
- Th. Bröcker: Lineare Algebra und analytische Geometrie, Birkhäuser, 2003, Kapitel VI, §1,2.

10.1 Systeme quadratischer Gleichungen

Wir führen uns zunächst einige Eigenschaften von Lösungen *linearer* Gleichungssysteme vor Augen (siehe auch Kapitel 4). Sei dafür K zunächst ein beliebiger Körper.

Aufgabe 10.1 Welche Aussagen über ein lineares Gleichungssystem $Ax = b$ mit $A \in M(m \times n, K)$, $x \in K^n$ und $b \in K^m$ sind richtig?

(a) Die Lösungsmenge eines homogenen linearen Gleichungssystems kann leer sein.

(b) Die Lösungsmenge eines inhomogenen linearen Gleichungssystems kann leer sein.

(c) Die Lösungsmenge eines homogenen linearen Gleichungssystems ist stets ein Untervektorraum der Dimension $n - \text{rang}(A)$.

(d) Die Lösungsmenge eines inhomogenen linearen Gleichungssystems ist leer oder ein affiner Unterraum der Dimension $n - \text{rang}(A)$.

(e) Die Lösungsmenge eines inhomogenen linearen Gleichungssystems ist leer oder ein affiner Unterraum der Dimension $m - \text{rang}(A)$.

Betrachten Sie nun als konkretes Beispiel die Matrix
A := <<1,0,0>|<2,1,0>|<1,0,0>|<-1,-1,-3>>
und den Vektor
b := <2,-1,-9>
und überlegen Sie, was Sie für die Lösung des inhomogenen linearen Gleichungssystems $Ax = b$ erwarten. Gehen Sie die folgenden Fragen durch und überlegen Sie sich, welche Aussagen zutreffen. Sie haben in Kapitel 4 bereits gelernt, wie man lineare Gleichungssysteme mithilfe des Befehls LinearSolve aus dem Packet LinearAlgebra löst. Lassen Sie sich also von MAPLE mithilfe des Befehls LinearSolve(A, b, method='subs', free='s') eine parametrisierte Lösung des inhomogenen linearen Gleichungssystems angeben und überprüfen Sie Ihre Vermutungen.

Aufgabe 10.2 Was ist richtig?

(a) Die Parameter treten nur linear auf.

(b) Es treten auch Polynome vom Grad größer als 1 in den Parametern auf.

(c) Es tritt kein Parameter auf.

(d) Es tritt mindestens ein Parameter auf.

Wir wenden uns nun quadratischen Gleichungen in mehreren Variablen zu und betrachten

$$\sum_{i,j=1}^{n} a_{ij} x_i x_j + 2 \sum_{j=1}^{n} b_j x_j + c = 0 \,, \qquad (10.1)$$

mit $a_{ij} \in K, b_j \in K$ und $c \in K$. Wir sehen sofort, dass wir die Matrix $(a_{ij})_{1 \leq i,j \leq n}$ als symmetrisch voraussetzen können.

Wir interessieren uns für die Geometrie der Menge der *reellen* Lösungen dieses Gleichungssystems. Hierbei fassen wir x_i als Koordinaten von $\mathbb{R}^n$ bezüglich der Standardbasis auf. Da wir uns auch für Längen und Winkel interessieren, versehen wir $\mathbb{R}^n$ zusätzlich mit der Standardstruktur eines Euklidischen Vektorraums. Um das Gleichungssystem zu vereinfachen, überlegen wir uns zunächst, welche Transformationen die Geometrie der Lösungsmenge unverändert lassen. Insbesondere sollten Längen und Winkel unverändert bleiben. Wir lassen als Transformationen also nur orthogonale Endomorphismen in $\mathbb{R}^n$ zu. Die Lage der Lösungsmenge in $\mathbb{R}^n$ interessiert uns dagegen nicht, und so lassen wir zusätzlich noch Translationen zu. Unter diesen Transformationen bleibt also die affine Euklidische Geometrie der Lösungsmengen erhalten.

Die symmetrische Matrix mit Einträgen $(a_{ij})_{1 \leq i,j \leq n}$ liefert eine quadratische Form auf $\mathbb{R}^n$. Nach dem Sylvesterschen Trägheitssatz ist jede quadratische Form über $\mathbb{R}$ kongruent zu einer quadratischen Form in Diagonalgestalt, die nur Elemente aus $\{0, \pm 1\}$ auf der Diagonale enthält. Diesen Satz können wir aber nicht direkt anwenden, da hierfür bei Kongruenzumformungen nicht nur orthogonale Matrizen zugelassen werden. Es gilt jedoch:

Ist A eine beliebige symmetrische $n \times n$ Matrix über $\mathbb{R}$, so existiert eine *orthogonale* $n \times n$ Matrix S, so dass $S^t A S$ Diagonalgestalt hat

$$S^t A S = \begin{pmatrix} \lambda_1 & 0 & \cdots & 0 \\ 0 & \lambda_2 & \cdots & 0 \\ 0 & 0 & \ddots & 0 \\ 0 & 0 & \cdots & \lambda_n \end{pmatrix}$$

mit $\lambda_1, \lambda_2, \ldots, \lambda_n \in \mathbb{R}$. Sehen Sie sich hierzu auch Satz 1 in Kapitel VIII §2 in

- F. Lorenz, Lineare Algebra II, Spektrum Akademischer Verlag, 2005

an.

Aufgabe 10.3 Sei S die oben eingeführte orthogonale Matrix. Was gilt?

(a) Die Matrizen A und $S^t A S$ sind auch ähnlich.
(b) Die Matrizen A und $S^t A S$ haben dasselbe charakteristische Polynom.
(c) Die Matrizen A und $S^t A S$ haben gleiche Eigenwerte, so dass insbesondere $\lambda_1, \ldots, \lambda_n$ die Eigenwerte von A sind.
(d) Alle $\lambda_1, \ldots, \lambda_n$ sind reell.

Durch die Substitution $x = Sy$ können wir Gleichung (10.1) in eine Gleichung der Form

$$\sum_{i=1}^{n} \lambda_i y_i^2 + 2 \sum_{i=1}^{n} b_i' y_i + c = 0$$

überführen mit $b' := S^t b$. Nach geeigneter Umnumerierung der Variablen können wir annehmen, dass $\lambda_i \neq 0$ für $i = 1, 2, \ldots, r$ gilt und $\lambda_i = 0$ für $r < i \leq n$.

Aufgabe 10.4 Ist r gleich dem Rang der Matrix A?

Durch Translationen können wir diesen Ausdruck weiter vereinfachen. Wir setzen $z_i = y_i + \lambda_i^{-1} b_i$ für $i = 1, 2, \ldots, r$ und $z_i = y_i$ für $i = r + 1, \ldots, n$ und finden

$$\sum_{i=1}^{r} \lambda_i (z_i)^2 + 2 \sum_{i=r+1}^{n} b_i z_i + c' = 0$$

mit geeignetem $c' \in \mathbb{R}$. Wir müssen nun zwei Fälle unterscheiden:

1. Fall: Ist $r = n$, so können wir Gleichung (10.1) also durch Translationen und orthogonale Transformationen stets auf die Form

$$\sum_{i=1}^{n} \lambda_i (X_i)^2 + a = 0$$

bringen, wobei wir $X_i = z_i$ gesetzt haben. Ist $a \neq 0$, so schreiben wir dies auch in der Form

$$\sum_{i=1}^{n} \epsilon_i \frac{(X_i)^2}{a_i^2} = 1 \quad \text{mit } \epsilon_i \in \{\pm 1\} ,$$

wobei $a_i^2 = -\epsilon_i \lambda_i^{-1} a$ ist. Für $a = 0$ setzen wir $a_i^2 = \epsilon_i \lambda_i^{-1}$ und finden

$$\sum_{i=1}^{n} \epsilon_i \frac{(X_i)^2}{a_i^2} = 0 .$$

2. Fall: Ist $0 < r < n$, so setze

$$c := \left(\sum_{k=r+1}^{n} b_i^2 \right)^{1/2} > 0 .$$

Jede Transformation

$$
\begin{aligned}
X_i &= z_i & \text{für } 1 \leq i \leq r \\
X_i &= \sum_{k=r+1}^{n} u_{ik} z_k & \text{für } r+1 \leq i \leq n-1 \\
X_n &= \sum_{k=r+1}^{n} c^{-1} b_i z_i + \tfrac{1}{2} c' c^{-1}
\end{aligned}
$$

für die die Werte $u_{ik} \in \mathbb{R}$ so gewählt wurden, dass die Transformation invertierbar ist, führt also in diesem Fall auf eine zu (10.1) äquivalente Gleichung der Form

$$\sum_{i=1}^{r} \lambda_i (X_i)^2 + 2c X_n = 0$$

mit $0 < r < n$ und $\lambda_i \neq 0$, $c > 0$.

Aufgabe 10.5 Was stimmt?

(a) Man kann die u_{ik} so wählen, dass, vom additiven Glied in X_n abgesehen, die X_i aus den z_i durch eine orthogonale Transformation hervorgehen.

(b) Man kann die u_{ik} so wählen, dass, vom additiven Glied in X_n abgesehen, die X_i aus den z_i durch eine orientierungserhaltende orthogonale Transformation auseinander hervorgehen.

Hierbei können wir durch Multiplikation mit einem geeigneten Faktor stets $\lambda_1 = 1$ und das Vorzeichen von c festlegen.

10.2   Quadriken in zwei Dimensionen

Die Lösungsmenge einer quadratischen Gleichung wird auch als Quadrik bezeichnet. Man unterscheidet dabei verschiedene geometrische Fälle. Im Folgenden möchten wir diese für quadratische Gleichungen in zwei Variablen, also $n = 2$, mithilfe von MAPLE näher untersuchen.

Benutzen Sie dafür den Befehl `implicitplot` aus der Bibliothek `plots`, also beispielsweise

```
with(plots):
implicitplot(x^2+y^2=1,x=-1..1,y=-1..1);
```

und achten Sie dabei auf sinnvolle Grenzen der Variablen.

Beantworten Sie zunächst folgende Fragen zum Befehl `implicitplot`.

Aufgabe 10.6 Wählen Sie sich eine Funktion $f : [-1, 1] \to \mathbb{R}$ mit $|f(x)| < 2$ für alle $x \in [-1, 1]$. Gibt dann der Code

```
implicitplot(f(x)=y,x=-1..1,y=-2..2);
```

den Graphen der Funktion aus?

Aufgabe 10.7 Betrachten Sie die Funktion `f:=x->x^2`
Wahr oder falsch? Die Ausgaben von

```
implicitplot(f(x)=y,x=-4..4,y=-16..16);
implicitplot(f(x)=y,x=-4..4,y=-16..4);
```

sind gleich.

Betrachten Sie nun die Funktion $f : \mathbb{R}^2 \to \mathbb{R}$, $f(x,y) = \sin(x\,y)$. Der
Code

```
implicitplot(sin(x*y)=0,x=-2*Pi..2*Pi,y=-2..2);
```

gibt eine Graphik aus, in der alle Paare $(x,y) \in [-2\pi, 2\pi] \times [-2, 2] \subset$
$\mathbb{R}^2$ eingezeichnet werden, für die gilt $\sin(xy) = 0$. Machen Sie sich
klar, dass numerische Probleme zu Ungenauigkeiten führen.

Aufgabe 10.8 Müsste die oben definierte Graphik eigentlich die
vollständige x-Achse und die vollständige y-Achse enthalten?

Sehen Sie sich vor dem Hintergrund dieser Überlegung die Ausgabe
von

```
implicitplot(sin(x*y)=0,x=-2*Pi..2*Pi,y=-2*Pi..2*Pi);
```
an.

Wir wenden uns nun wieder der Untersuchung von Quadriken mit
$n = 2$ zu. Achtung: Wenn Sie `implicitplot` verwenden, sollten Sie
die Option `constrained` verwenden, damit beide Achsen im selben
Maßstab gezeichnet werden! Also etwa

```
implicitplot(...,x=...,y=...,scaling=constrained);
```

sonst wird es Ihnen schwer fallen, die *Euklidische* Geometrie der
Lösungsmenge zu erkennen.
Probieren Sie für die unten aufgeführten Fälle verschiedene Werte
der Parameter a_1, a_2 durch. Die Wahl eines sinnvollen Definitions-
bereichs wird das schwierigste an den folgenden Aufgaben sein!

Wir unterscheiden die beiden Fälle $r = 1, 2$ und beginnen mit maximalem Rang $r = 2$:

Aufgabe 10.9 Geben Sie an, welche geometrischen Figuren als reelle Lösungsmengen der Gleichung

$$\frac{X_1^2}{a_1^2} + \frac{X_2^2}{a_2^2} = 1$$

für $a_1, a_2 \in \mathbb{R} \setminus \{0\}$ auftreten können:

(a) Kreis

(b) Ellipse

(c) Hyperbel

(d) die leere Menge

(e) der Ursprung

(f) ein vom Ursprung verschiedener Punkt

(g) ein Paar sich schneidender Geraden

(h) ein Paar paralleler Geraden

Aufgabe 10.10 Geben Sie an, welche geometrischen Figuren als reelle Lösungsmengen der Gleichung

$$\frac{X_1^2}{a_1^2} - \frac{X_2^2}{a_2^2} = 1$$

für $a_1, a_2 \in \mathbb{R} \setminus \{0\}$ auftreten können:

(a) Ellipse

(b) Hyperbel

(c) die leere Menge

(d) Parabel

(e) der Ursprung

(f) ein Paar sich schneidender Geraden

(g) ein Paar paralleler Geraden

Aufgabe 10.11 Geben Sie an, welche geometrischen Figuren als reelle Lösungsmengen der Gleichung

$$\frac{X_1^2}{a_1^2} + \frac{X_2^2}{a_2^2} + 1 = 0$$

für $a_1, a_2 \in \mathbb{R} \setminus \{0\}$ auftreten können:

(a) Ellipse
(b) Hyperbel
(c) die leere Menge
(d) der Ursprung
(e) ein vom Ursprung verschiedener Punkt
(f) ein Paar sich schneidender Geraden
(g) ein Paar paralleler Geraden

Aufgabe 10.12 Geben Sie an, welche geometrischen Figuren als reelle Lösungsmengen der Gleichung

$$\frac{X_1^2}{a_1^2} + \frac{X_2^2}{a_2^2} = 0$$

für $a_1, a_2 \in \mathbb{R} \setminus \{0\}$ auftreten können:

(a) Ellipse
(b) Hyperbel
(c) die leere Menge
(d) der Ursprung
(e) ein vom Ursprung verschiedener Punkt
(f) ein Paar sich schneidender Ursprungsgeraden
(g) ein Paar sich schneidender Geraden, die nicht unbedingt Ursprungsgeraden sind.
(h) ein Paar paralleler Geraden.
(i) ein Paar paralleler Geraden, die nicht unbedingt Ursprungsgeraden sind.

Aufgabe 10.13 Geben Sie an, welche geometrischen Figuren als reelle Lösungsmengen der Gleichung

$$\frac{X_1^2}{a_1^2} - \frac{X_2^2}{a_2^2} = 0$$

für $a_1, a_2 \in \mathbb{R} \setminus \{0\}$ auftreten können:

(a) Ellipse

(b) Hyperbel

(c) die leere Menge

(d) der Ursprung

(e) ein vom Ursprung verschiedener Punkt

(f) ein Paar sich schneidender Ursprungsgeraden

(g) ein Paar sich schneidender Geraden, wobei für gewisse Werte von a_1, a_2 auch Geraden auftreten, die nicht Ursprungsgeraden sind

(h) ein Paar paralleler Geraden

Wenden wir uns nun dem Fall $r = 1$ zu. Wir finden die folgenden Fälle:

Aufgabe 10.14 Geben Sie an, in welche Richtung die durch die folgende Gleichung beschriebene Parabel geöffnet ist:

$$X_1^2 = 2pX_2 \text{ mit } p > 0.$$

(a) entlang der positiven X_1-Achse

(b) entlang der negativen X_1-Achse

(c) entlang der positiven X_2-Achse

(d) entlang der negativen X_2-Achse

Aufgabe 10.15 Geben Sie an, welche geometrischen Figuren als reelle Lösungsmengen der Gleichung

$$X_1^2 = a_1^2$$

für $a_1 \in \mathbb{R} \setminus \{0\}$ auftreten können:

(a) Parabel
(b) eine Gerade
(c) ein Paar von Geraden parallel zur X_1-Achse.
(d) ein Paar von Geraden parallel zur X_2-Achse.
(e) die leere Menge

10.3 Parametrisierungen von Quadriken

Nun wollen wir uns die Geometrie von zwei ausgewählten Quadriken näher ansehen. Hierzu wollen wir die Lösungen parametrisieren, d.h. zwei reelle Funktionen $x(\varphi)$ und $y(\varphi)$ eines reellen Parameters φ angeben, so dass für einen sinnvollen Wertebereich von φ die Funktionen x, y eine vorgebene Gleichung erfüllen.

Machen Sie sich das implizite und parametrische Plotten am Beispiel einer Geraden in $\mathbb{R}^2$ klar, indem Sie den folgenden Code eingeben:

```
with(plots):
implicitplot(x+y=1,x=0..1,y=0..1);
plot([1-phi,phi,phi=0..1],scaling=constrained);
```

Eine Graphik wie in der letzten Zeile wird als Parameter-Plot bezeichnet. MAPLE durchläuft dabei den angegebenen Wertebereich, also $[0, 1]$ im Beispiel, und zeichnet alle Paare (x, y) in der Ebene, die durch die ersten beiden Einträge gegeben sind (also $(1 - \varphi, \varphi)$ im Beispiel).

Achten Sie auf die Position der eckigen Klammer! Vergleichen Sie mit dem Ausdruck, bei dem die eckige Klammer] an anderer Stelle steht:

```
plot([1-phi,phi],phi=0..1);
```

Wir nutzen die Gelegenheit, um auch eine Ebene in $\mathbb{R}^3$ in verschiedener Weise zu zeichnen: in Gleichungsform, als Graph einer Funktion und in Parameterform. Zunächst erinnern wir uns an die Normalform einer affinen Ebene in $\mathbb{R}^3$. Sei E eine Ebene mit Normalenvektor $n = (n_1, n_2, n_3)$, die den Punkt (p_1, p_2, p_3) enthalte. Dann ist

$$E = \{(x, y, z) \in \mathbb{R}^3 \mid n_1(x - p_1) + n_2(y - p_2) + n_3(z - p_3) = 0\}$$

eine Gleichungsform der Ebene. Sei nun $n_3 \neq 0$, d.h. die z-Achse sei nicht parallel zu E. Dann ist E der Graph der Funktion

$$z = f(x, y) = -\frac{n_1}{n_3}(x - p_1) - \frac{n_2}{n_3}(y - p_2) + p_3.$$

Wir können die Ebene also als Graph der Funktion f mithilfe von MAPLE graphisch ausgeben lassen (unter Verwendung von `plot3d`). Für die affine Ebene durch den Punkt $(0, 0, -4) \in \mathbb{R}^3$ mit Normalenvektor $n = (0, -1, 2)$ heißt der entsprechende Code etwa

```
plot3d(-(-1/2)*y + (-4),
      x=-2..2,y=-2..2,axes=frame, scaling=constrained);
```

Um Gleichungs- und Parameterform zu vergleichen, geben Sie den folgenden Code ein:

```
with(plots):
implicitplot3d(-y+2*z=-8,x=-2..2,y=-2..2,z=-5..-3,
  axes=frame, scaling=constrained);
plot3d([phi,2*psi,-4+psi],phi=-2..2,psi=-1..1,
  axes=frame, scaling=constrained);
```

Vorsicht, die Orientierungen, in denen die beiden Ebenen ausgegeben werden, sind nicht gleich; Sie können sie aber nach Anklicken der Graphik mithilfe der Maus verändern.

Betrachten Sie die folgenden drei Ebenen in $\mathbb{R}^3$ in Gleichungsform

$$\begin{aligned}
E_1 &:= \{(x, y, z) \in \mathbb{R}^3 \mid 3x + 4y + 5z = 0\} \\
E_2 &:= \{(x, y, z) \in \mathbb{R}^3 \mid 3x + 4y - 5z = 0\} \\
E_3 &:= \{(x, y, z) \in \mathbb{R}^3 \mid 3x - 4y - 5z = 0\}
\end{aligned}$$

und die folgenden drei Ebenen in Parameterform

$$E_a : \mathbb{R} \begin{pmatrix} 4 \\ 3 \\ 0 \end{pmatrix} + \mathbb{R} \begin{pmatrix} 5 \\ 0 \\ 3 \end{pmatrix}$$

$$E_b : \mathbb{R} \begin{pmatrix} 4 \\ -3 \\ 0 \end{pmatrix} + \mathbb{R} \begin{pmatrix} 5 \\ 0 \\ 3 \end{pmatrix}$$

$$E_c : \mathbb{R} \begin{pmatrix} 4 \\ -3 \\ 0 \end{pmatrix} + \mathbb{R} \begin{pmatrix} 5 \\ 0 \\ -3 \end{pmatrix}$$

Aufgabe 10.16 Entscheiden Sie entweder durch Rechnung auf dem Papier oder mithilfe von MAPLE, welche der Ebenen gleich sind.

(a) $E_1 = E_a$, $E_2 = E_c$ und $E_3 = E_b$
(b) $E_1 = E_c$, $E_2 = E_b$ und $E_3 = E_a$
(c) $E_1 = E_a$, $E_2 = E_b$ und $E_3 = E_c$

Wir beginnen die Untersuchung der Quadriken nun mit der Gleichung

$$\frac{x^2}{a^2} + \frac{y^2}{b^2} = 1 \tag{10.2}$$

Sie sollten wieder sowohl von Hand rechnen als auch MAPLE einsetzen.

Aufgabe 10.17 Welche der folgenden Formeln geben Parametrisierungen der Lösungskurve von (10.2) an:

(a) $x = a \cos \phi$ $y = b \sin \phi$ $\phi \in [0, 2\pi)$
(b) $x = a \cosh \phi$ $y = b \sinh \phi$ $\phi \in \mathbb{R}$
(c) $x = a / \cosh \phi$ $y = b / \sinh \phi$ $\phi \in \mathbb{R}$
(d) $x = a \sin \phi$ $y = b \cos \phi$ $\phi \in [0, 2\pi)$
(e) $x = b \sin \phi$ $y = a \cos \phi$ $\phi \in [0, 2\pi)$

Betrachten Sie nun ebenso die Gleichung

$$\frac{x^2}{a^2} - \frac{y^2}{b^2} = 1 \tag{10.3}$$

Aufgabe 10.18 Welche der folgenden Formeln geben Parametrisierungen der Lösungskurve an?

(a) $x = a \cosh \phi \qquad y = b \sinh \phi \qquad \phi \in \mathbb{R}$
(b) $x = \pm a \cosh \phi \qquad y = b \sinh \phi \qquad \phi \in \mathbb{R}$
(c) $x = a/\cosh \phi \qquad y = b/\sinh \phi \qquad \phi \in \mathbb{R}$
(d) $x = a \sin \phi \qquad y = b \cos \phi \qquad \phi \in [0, 2\pi)$
(e) $x = b \cosh \phi \qquad y = a \sinh \phi \qquad \phi \in \mathbb{R}$

10.4 Symmetrien von Quadriken

Offensichtlich ist der Kreis

$$x^2 + y^2 = 1$$

invariant unter Drehungen um den Ursprung d.h. unter der Gruppe der orthogonalen 2×2-Matrizen mit Determinante 1. Das heißt, dass mit einer Lösung (x, y) für jedes $\phi \in \mathbb{R}$ auch

$$x' = x \cos \phi + y \sin \phi$$
$$y' = -x \sin \phi + y \cos \phi$$

eine Lösung der quadratischen Gleichung ist.

In MAPLE können Sie sich die eben angesprochenen Sachverhalte wie folgt veranschaulichen:

```
Dreh:=phi->Matrix([[cos(phi),sin(phi)],
                   [-sin(phi),cos(phi)]]):
Dreh(x).Dreh(y);
combine(%);
```

```
v:=Vector([1,0]);
Kreis:=unapply(Dreh(phi).v,phi);

# Kreis=Bild von [1,0] unter allen Drehungen um [0,0]:
plot([Kreis(phi)[1],Kreis(phi)[2],phi=0..2*Pi]);

# Ein Element der Loesungsmenge
# (f"ur x^2 kleiner gleich 1):
v:=Vector([x,sqrt(1-x^2)]);
# Drehung um phi:
w:=Dreh(phi).v;
# w ist wieder Element der Loesungsmenge
simplify(w[1]^2+w[2]^2);
```

Wir betrachten nun die Lösungsmenge der Gleichung $x^2 - y^2 = 1$ und führen wiederum für jedes $\omega \in \mathbb{R}$ die Substitution

$$\begin{pmatrix} x' \\ y' \end{pmatrix} = A(\omega) \begin{pmatrix} x \\ y \end{pmatrix}$$

aus, wobei $A(\omega)$ eine 2×2-Matrix ist.

Sie können sich bei der Bearbeitung der folgenden Fragen auch von MAPLE bei der Multiplikation der 2×2-Matrizen und der Anwendung von Identitäten für trigonometrische und Hyperbelfunktionen helfen lassen!

Aufgabe 10.19 Für welche Familie von 2×2-Matrizen erhält man für jeden reellen Wert von ω aus einer Lösung (x, y) von $x^2 - y^2 = 1$ eine Lösung $A(\omega)(x, y)^t$ derselben Gleichung?

(a) $A_1(\omega) = \begin{pmatrix} \cosh \omega & \sinh \omega \\ \sinh \omega & \cosh \omega \end{pmatrix}$

(b) $A_2(\omega) = \begin{pmatrix} \cosh \omega & \sinh \omega \\ -\sinh \omega & \cosh \omega \end{pmatrix}$

(c) $A_3(\omega) = \begin{pmatrix} \cos \omega & \sin \omega \\ -\sin \omega & \cos \omega \end{pmatrix}$

Die Rotationen bilden eine Gruppe. Betrachten Sie nun mit MAPLE wie oben für $i = 1, 2, 3$ Produkte der Form $A_i(\omega_1)A_i(\omega_2)$ für alle $\omega_1, \omega_2 \in \mathbb{R}$.

Aufgabe 10.20 Entscheiden Sie, für welche i gilt $A_i(\omega_1)A_i(\omega_2) = A_i(\omega_1 + \omega_2)$.

(a) Für alle i.
(b) Für $i = 1, 3$.
(c) Für $i = 3$.

Hat man im Falle der Kreisgleichung $x^2 + y^2 = 1$ *eine* Lösung gefunden, so erhält man durch Multiplikation mit Matrizen der Form A_3 von links *jede* andere mögliche Lösung. Man sagt auch: Die Einschränkung der durch Matrixmultiplikation gegebene Wirkung von Matrizen der Form A_3 auf $\mathbb{R}^2$ auf die Lösungsmenge der Kreisgleichung ist transitiv.

Sei nun dasjenige i gewählt, für das A_i Lösungen der Gleichung $x^2 - y^2 = 1$ in Lösungen überführt. Betrachten Sie die spezielle Lösung $x_0 = 1$, $y_0 = 0$ und lassen Sie MAPLE alle Punkte $A(\omega)(x_0, y_0)^t$ für einen vernünftigen reellen Wertebereich von ω in einem Parameterplot ausgeben. Beantworten Sie dann die folgende Frage:

Aufgabe 10.21 Was gilt für dasjenige i, für das $A_i(\omega)$ Lösungen von $x^2 - y^2 = 1$ in Lösungen überführt?

(a) Die Wirkung ist transitiv.
(b) Die Wirkung ist nicht transitiv.

Orthogonale Abbildungen A führen offenbar den Einheitskreis in sich über; für sie gilt auch $A^t D A = D$, wobei D eine spezielle Diagonalmatrix ist, nämlich die Einheitsmatrix. Daher ergibt sich die Frage, für welche Diagonalmatrizen D die Beziehung $A_2(\omega)^t D A_2(\omega) = D$

für alle $\omega \in \mathbb{R}$ gilt. Überprüfen Sie die Behauptungen unten an Beispielen, wobei Sie sich von MAPLE bei der Multiplikation von 2×2-Matrizen helfen lassen können.

Aufgabe 10.22

(a) Dies gilt für alle 2×2-Diagonalmatrizen.
(b) Dies gilt für alle 2×2-Diagonalmatrizen mit $d_{11} = d_{22}$.
(c) Dies gilt für alle 2×2-Diagonalmatrizen mit $d_{11} = -d_{22}$.
(d) Dies gilt für alle 2×2-Diagonalmatrizen mit $d_{11} \cdot d_{22} < 0$.
(e) Dies gilt für alle 2×2-Diagonalmatrizen mit $d_{11} \cdot d_{22} > 0$.

10.5 Quadriken in drei Dimensionen

Natürlich kann man auch die Lösungen quadratischer Gleichungen in drei Variablen x, y, z, betrachten, die nun Flächen in $\mathbb{R}^3$ beschreiben. Benutzen Sie dafür `implicitplot3d` aus der Bibliothek `plots`. Syntaxbeispiel:

```
implicitplot3d(x^2+y^2+z^2=1,x=-1..1,y=-1..1,z=-1..1,
                          scaling=constrained)
```

Die Orientierung der entstehenden Graphen können Sie wieder nach Anklicken mit der Maus verändern.

Wir machen uns das Leben etwas leichter und lassen auch Reskalierungen der Koordinatenachsen zu. Damit können wir annehmen, dass alle auftretenden Parameter in den Gleichungen die Werte 0 oder ± 1 haben.

Wir betrachten nun eine Reihe von quadratischen Gleichungen in den drei Variablen x, y, z. Finden Sie durch Rechnung heraus, welche der angegebenen geometrischen Objekte jeweils dem Lösungsraum entsprechen, und überprüfen Sie Ihre Vermutung, indem Sie wie oben erklärt MAPLE die Lösungsmenge zeichnen lassen.

Wir betrachten wie im Fall von zwei Variablen die Fälle getrennt nach verschiedenen Werten des Rangs r der quadratischen Form und beginnen mit $r = 1$:

Aufgabe 10.23 Gleichung: $x^2 = 2z$

(a) parabolischer Zylinder mit Translationsinvarianz parallel zur y-Achse

(b) Parabel

(c) parabolischer Zylinder mit Translationsinvarianz parallel zur z-Achse

Aufgabe 10.24 Gleichung: $x^2 = 0$

(a) y-z-Ebene   (b) eine Gerade   (c) x-y-Ebene

Aufgabe 10.25 Gleichung: $x^2 = 1$

(a) Ebenenpaar   (b) eine Ebene   (c) ein Punktepaar

Nun wenden wir uns den Fällen von Rang $r = 2$ zu:

Aufgabe 10.26 Gleichung: $x^2 + y^2 = 2z$

(a) elliptisches Paraboloid   (b) hyperbolisches Paraboloid

Aufgabe 10.27 Gleichung: $x^2 - y^2 = 2z$

(a) elliptisches Paraboloid   (b) hyperbolisches Paraboloid

Aufgabe 10.28 Gleichung: $x^2 + y^2 = 1$

(a) hyperbolischer Zylinder   (b) Kreiszylinder

Aufgabe 10.29 Gleichung: $x^2 - y^2 = 1$

(a) hyperbolischer Zylinder   (b) Kreiszylinder

Aufgabe 10.30 Gleichung: $x^2 - y^2 = 0$

(a) Geradenpaar   (b) Ebenenpaar mit Schnitt in Gerade

(c) Ebenenpaar mit leerem Schnitt

Aufgabe 10.31 Gleichung: $x^2 + y^2 = 0$
(a) Ebene   (b) Gerade

Schließlich betrachten wir maximalen Rang, $r = 3$:

Aufgabe 10.32 Gleichung: $x^2 + y^2 + z^2 = 0$
(a) Kugel   (b) Punkt $\neq$ Ursprung   (c) Ursprung

Aufgabe 10.33 Gleichung: $x^2 + y^2 - z^2 = 0$
(a) Halbkegel   (b) Punkt   (c) Doppelkreiskegel

Aufgabe 10.34 Gleichung: $x^2 + y^2 + z^2 = 1$
(a) Kugel   (b) einschaliges Hyperboloid
(c) zweischaliges Hyperboloid

Aufgabe 10.35 Gleichung: $x^2 + y^2 - z^2 = 1$
(a) Kugel   (b) einschaliges Hyperboloid
(c) zweischaliges Hyperboloid

Aufgabe 10.36 Gleichung: $x^2 - y^2 - z^2 = 1$
(a) Kugel   (b) einschaliges Hyperboloid
(c) zweischaliges Hyperboloid

10.6   Kegelschnitte

Wir betrachten nun einen Doppelkegel in $\mathbb{R}^3$. Geben Sie dazu in
MAPLE folgenden Code ein

```
with(plots):
with(plottools):
kegel:=cone([2, 0, 0], 0.5, -2):
display(kegel,rotate(kegel,Pi,0,0));
```

Beachten Sie den Doppelpunkt hinter der Definition von `kegel`. Sehen Sie nach, was passiert, wenn Sie ihn durch ein Semikolon ersetzen.

Sehen Sie sich die Funktionsweise von `rotate` und `cone` auch in der MAPLE-Hilfe an!

Aufgabe 10.37 Was ist richtig? Der oben gegebene Kegel hat seine Spitze im Punkt

(a) $(0, 0.5, -2)$

(b) $(0.5, 0.5, 0.5)$

(c) $(2, 0, 0)$

Diesen Doppelkegel wollen wir nun mit verschiedenen (affinen) Ebenen schneiden. Die entstehende Schnittfigur mit dem oben gegebenen Doppelkegel `kegel` ist eine Kurve; tatsächlich hat diese die gleiche Geometrie wie die Lösung einer geeigneten quadratischen Gleichung in zwei reellen Variablen.

Probieren Sie also folgenden Code aus:

```
eb:=plot3d(- (-1/2)*y-1,x=1..4,y=-2..2,axes=frame):
display(kegel,rotate(kegel,Pi,0,0),eb);
```

Beachten Sie wieder den Doppelpunkt hinter der Definition der affinen Ebene `eb`.

Sehen Sie sich nun die folgenden affinen Ebenen an und betrachten Sie jeweils die Schnittfigur mit dem Kegel

```
kegel:= cone([0, 0, 0], 5, -10):
```

Entscheiden Sie, welche der folgenden Schnittfiguren vorliegt:

(a) Kreis

(b) Ellipse

(c) Parabel

(d) Hyperbel

(e) ein Paar sich schneidender Geraden

(f) eine Gerade

(g) ein Punkt

Aufgabe 10.38 Erste Ebene:
```
plot3d(3*x+y+2,x=-5..4,y=-5..5,axes=frame)
```

Aufgabe 10.39 Zweite Ebene:
```
plot3d(2*x-4,x=-5..4,y=-6..5,axes=frame)
```

Aufgabe 10.40 Dritte Ebene:
```
plot3d(-x-4,x=-6..5,y=-6..5,axes=frame)
```

Aufgabe 10.41 Vierte Ebene:
```
plot3d(-4,x=-6..5,y=-6..5,axes=frame)
```

Experimentieren Sie nun mit Ebenen, die den Ursprung enthalten, etwa indem Sie in den obigen Beispielen als Fußpunkt jeweils den Ursprung wählen.

Aufgabe 10.42 Welche der oben aufgezählten Schnittfiguren (a)–(e) können Sie erhalten, wenn Sie (nicht-affine!) Ebenen mit einem Doppelkegel schneiden?

11 Hermite-Polynome und Fourier-Reihen

Mathematische Inhalte:

Unitärer Vektorraum, Euklidischer Vektorraum, Orthonormalbasen, Hermitepolynome, Hermitesche Eigenwertgleichung, erzeugende Funktion, Fourierreihen, Approximation im quadratischen Mittel

Stichworte (MAPLE):

coeff, integrate, int, assuming, posint, integer

In diesem Kapitel geht es um orthonormale Vektoren in einem Funktionenraum, d.h. in einem Vektorraum, dessen Elemente Funktionen sind. Wir beginnen mit ein paar vorbereitenden Fragen aus der Linearen Algebra.

Aufgabe 11.1 Wahr oder falsch? In einem Euklidischen Vektorraum endlicher Dimension gibt es stets eine Orthonormalbasis.

Aufgabe 11.2 Wahr oder falsch? Sei V Euklidischer bzw. unitärer Vektorraum und $\phi : V \to V$ eine symmetrische bzw. Hermitesche lineare Abbildung. Sind μ und λ Eigenwerte von ϕ mit $\lambda \neq \mu$, so sind die zugehörigen Eigenräume orthogonal, $\mathrm{Eig}(\phi, \lambda) \perp \mathrm{Eig}(\phi, \mu)$.

Aufgabe 11.3 Wahr oder falsch? Sei V Euklidischer bzw. unitärer Vektorraum endlicher Dimension. Sei $\phi : V \to V$ eine symmetrische bzw. Hermitesche lineare Abbildung. Dann besitzt V eine Orthonormalbasis aus Eigenvektoren von ϕ. Insbesondere ist ϕ diagonalisierbar.

Aufgabe 11.4 Sei V unitärer Vektorraum endlicher Dimension n, $(v_1, \ldots, v_n)$ eine Orthonormalbasis von V bezüglich eines Skalarproduktes $(\cdot, \cdot)$ mit $(v, \lambda w) = \bar{\lambda}(v, w)$ für alle $v, w \in V$, $\lambda \in \mathbb{C}$. Was ist richtig?

(a) Für alle $v \in V$ gilt

$$v = \sum_{i=1}^{n} (v_i, v)\, v_i \ .$$

(b) Für alle $v \in V$ gilt

$$v = \sum_{i=1}^{n} (v, v_i)\, v_i \ .$$

(c) Beide Aussagen sind falsch.

11.1　Die Hermite-Polynome

Wir betrachten nun den unendlich-dimensionalen reellen Vektorraum $\mathcal{P}$ der reellwertigen polynomialen Funktionen auf $\mathbb{R}$. Elemente dieses Vektorraums sind die so genannten Hermite-Polynome H_n mit $n \in \mathbb{Z}_{\geq 0}$. Das n-te Hermite-Polynom H_n ist über die n-te Ableitung der Gauß-Funktion wie folgt definiert

$$H_n(x) = (-1)^n\, e^{x^2}\, \frac{\mathrm{d}^n}{\mathrm{d}x^n}\, e^{-x^2} \qquad n \in \mathbb{Z}_{\geq 0} \ ,$$

wobei $H_0(x) = 1$.

Lassen Sie MAPLE mithilfe des Befehls `diff(exp(-x^2),x$..)` (siehe Abschnitt 8.1) einige Ableitungen der Gauß-Funktion berechnen.

Aufgabe 11.5 Was gilt?

(a) H_n ist ein Polynom vom Grad $2n$.
(b) H_n ist ein Polynom vom Grad n.
(c) Der höchste Koeffizient von H_n ist positiv.
(d) Die Koeffizienten von H_n sind ganze Zahlen.

Aufgabe 11.6 Wahr oder falsch? Die Hermite-Polynome bilden eine $\mathbb{R}$-Vektorraum-Basis des Vektorraums $\mathcal{P}$.

Überlegen Sie nun allgemein:

Aufgabe 11.7 Sei f eine stetig differenzierbare Funktion. Was gilt? Hinweis: Wenden Sie die Kettenregel an, um $g(x) := f(-x)$ zu differenzieren.

(a) Ist f eine gerade Funktion, so ist ihre Ableitung f' gerade.

(b) Ist f eine gerade Funktion, so ist ihre Ableitung f' ungerade.

(c) Ist f eine ungerade Funktion, so ist ihre Ableitung f' gerade.

(d) Ist f eine ungerade Funktion, so ist ihre Ableitung f' ungerade.

Überprüfen Sie Ihre Antworten anhand von Beispielfunktionen, etwa dem Cosinus oder Sinus hyperbolicus `cosh` bzw. `sinh`. Lassen Sie etwa die Graphen der Funktionen und ihrer Ableitungen von Maple ausgeben.

Nutzen Sie Aufgabe 11.7, um die folgenden Aussagen über die Hermite-Polynome zu überprüfen:

Aufgabe 11.8 Was stimmt?

(a) H_0 ist eine gerade Funktion.

(b) Ist $n \in \mathbb{N}$ gerade, treten nur gerade Potenzen von x in H_n auf.

(c) Ist $n \in \mathbb{N}$ ungerade, treten nur ungerade Potenzen von x in H_n auf.

(d) Im allgemeinen treten in einem Hermite-Polynom H_n sowohl gerade als auch ungerade Potenzen auf.

Implementieren Sie die obige Definition der Hermite-Polynome als Maple-Funktionen, etwa mithilfe von

```
h := (n,x)
   -> expand( (-1)^n * exp(x^2)*diff(exp(-x^2),x$n) );
```

Hierbei haben wir den Befehl expand verwendet, damit vollständig nicht-faktorisierte Polynome ausgegeben werden. Probieren Sie aus, was MAPLE etwa für das sechste Hermite-Polynom ausgibt, wenn Sie den expand-Befehl nicht in die Definition aufnehmen.

Überzeugen Sie sich davon, dass MAPLE bei obiger Definition von h eine Fehlermeldung ausgibt, wenn Sie h(0,x) eingeben, und definieren Sie von Hand h(0,x) := 1. Beachten Sie, dass Sie h(0,x) jedes Mal festsetzen müssen, wenn Sie h:=(n,x) -> ... neu definieren. Es bietet sich daher an, den Fall $n = 0$ direkt mithilfe einer if-Schleife in der Definition zu berücksichtigen,

```
h := (n,x)
 -> if n=0 then 1
    else expand((-1)^n*exp(x^2)*diff(exp(-x^2),x$n))
    fi;
```

Lassen Sie sich mehrere Hermite-Polynome von MAPLE ausgeben. Verwenden Sie gegebenenfalls den Befehl for i to 20 do ... Denken Sie bei der Benennung der Indizes daran, dass dem in der for-Schleife verwendeten Index (hier i) nach Beenden der Schleife ein fester Wert zugewiesen ist. Verwenden Sie gegebenenfalls den Befehl i:='i', um diese Wertzuweisung wieder zu löschen.

Aufgabe 11.9 Sei $q \in \mathcal{P}$, $q(x) = x^3 + 4x^2 - 13$. Schreiben Sie q als Linearkombination von Hermite-Polynomen und geben Sie den Koeffizienten an, der vor H_0 steht. Verwenden Sie dazu MAPLE oder rechnen Sie von Hand.

Lassen Sie sich die Graphen der ersten fünf Hermite-Polynome von MAPLE ausgeben. Überlegen Sie sich, auf welchem Intervall Sie die Graphen sinnvoller Weise betrachten sollten, indem Sie beispielsweise überprüfen, ob alle Nullstellen des betrachteten Polynoms in der Graphik eingezeichnet sind. Beantworten Sie die folgenden Fragen:

Aufgabe 11.10 Wie viele Minima besitzt H_5?

Aufgabe 11.11 Wie viele Nullstellen besitzt H_5?

In MAPLE sind im Paket `orthopoly` ebenfalls Hermite-Polynome implementiert. Laden Sie dieses Paket und vergleichen Sie zur Probe `H(1,x)` und `H(5,x)` mit Ihrer eigenen Implementierung der Hermite-Polynome.

11.2 Die Hermitesche Eigenwertgleichung

Betrachten Sie nun die lineare Abbildung L auf dem Raum $\mathcal{P}$ der reellen polynomialen Funktionen mit

$$L(f)(x) := \frac{\mathrm{d}^2}{\mathrm{d}x^2}f(x) - 2\,x\,\frac{\mathrm{d}}{\mathrm{d}x}f(x)\,, \qquad \forall\,x \in \mathbb{R}\,.$$

Für die Hermite-Polynome H_n, $n \in \mathbb{Z}_{\geq 0}$, gilt

$$L(H_n) = c_n\,H_n \tag{11.1}$$

mit einer nur von n abhängigen reellen Konstanten c_n.

Beachten Sie, dass es sich bei Gleichung (11.1) um eine Eigenwertgleichung in einem (unendlich-dimensionalen) Vektorraum handelt. Oft schreibt man Gleichung (11.1) in der Form $L(H_n) - c_n\,H_n = 0$ und sagt, dass für $n \in \mathbb{Z}_{\geq 0}$ das Hermite-Polynom H_n die Differentialgleichung

$$\frac{\mathrm{d}^2}{\mathrm{d}x^2}f(x) - 2\,x\,\frac{\mathrm{d}}{\mathrm{d}x}f(x) - c_n f(x) = 0$$

mit einem Wert c_n löst, den wir in Aufgabe 11.12 bestimmen werden. Überzeugen Sie sich mithilfe von MAPLE von der Richtigkeit der Gleichung (11.1) für einige n, indem Sie $L(H_n)$ für einige n berechnen. Implementieren Sie dazu zunächst L,

```
L:=(p,x)->diff(p,x$2)-2*x*diff(p,x);
L(H(2,x),x);
L(H(2,y),y);
```

Schreiben Sie sich eine for-Schleife, die Ihnen $L(H_i)$ sowie H_i etwa für $i \in \{0, \ldots, 10\}$ ausgibt. Bestimmen Sie etwa mithilfe des Befehls solve die Koeffizienten c_i für die betrachteten Beispiele.

Aufgabe 11.12 Welchen Wert nimmt c_n in $L(H_n) = c_n H_n$ für $n \in \mathbb{Z}_{\geq 0}$ an?

(a) $c_n = 2$ für alle $n \in \mathbb{Z}_{\geq 0}$.

(b) $c_n = -n$.

(c) $c_n = -2\,n$.

Um diese Aussage zu beweisen, ist die so genannte erzeugende Funktion $\exp(2xt - t^2)$ für die Hermite-Polynome hilfreich. Geben Sie in MAPLE ein:

```
taylor(exp(2*x*t-t^2),t=0);
add(t^i/i!*h(i,x),i=0..5);
```

und vergleichen Sie. Wenden Sie nun den Differentialoperator L in der Variablen x auf die Funktion $\exp(2xt - t^2)$ an. Geben Sie nun ein

```
taylor(L(exp(2*x*t-t^2),x),t=0);
add(t^i/i!*(XXX)*H(i,x),i=0..5);
```

wobei Sie für XXX den in Aufgabe 12 bestimmten Wert für c_i einsetzen. Was stellen Sie fest? Benutzen Sie Ihre Beobachtung, um für alle Eigenwertgleichungen gleichzeitig zu beweisen, dass die in Aufgabe 11.12 gefundenen Werte tatsächlich die Eigenwerte sind. Beachten Sie hierzu, dass der Differentialoperator L linear ist.

11.3   Ein angepasstes Skalarprodukt

Ausgehend von der Eigenwertgleichung (11.1) werden wir im Folgenden untersuchen, welche der Ihnen aus dem endlich-dimensionalen Fall bekannten Sätze, die in Aufgabe 11.3 und Aufgabe 11.4 wiederholt wurden, noch gelten.

Wir suchen zunächst ein Skalarprodukt $(\cdot, \cdot)$ auf $\mathcal{P}$, bezüglich dem die lineare Abbildung L symmetrisch ist, so dass also für alle $p, q \in \mathcal{P}$ gilt

$$(p, Lq) = (Lp, q) \ .$$

Mit einem solchen Skalarprodukt wird der reelle Vektorraum $\mathcal{P}$ zu einem Euklidischen Vektorraum. Jeder Euklidische Vektorraum hat eine Norm $\|v\| := \sqrt{\langle v, v \rangle}$, durch die er ein metrischer Raum wird. Man beachte, dass der Vektorraum $\mathcal{P}$ in der durch diese Metrik induzierten Topologie *nicht* vollständig ist.

Im folgenden benötigen wir das bestimmte Integral über die Gauß-funktion $e^{-a\,x^2}$ mit $a \in \mathbb{R}_{>0}$.

Aufgabe 11.13 Bestimmen Sie κ in

$$\int_{-\infty}^{\infty} dx\, e^{-a\,x^2} = \sqrt{\frac{\pi}{a^\kappa}} \qquad \text{für } a \in \mathbb{R}_{>0} \ .$$

Nehmen Sie dazu eine Variablensubstitution $y = \lambda x$ mit geeignetem λ vor.

Seien $p, q \in \mathcal{P}$. Aufgrund des Abfall-Verhaltens der Gauß-Funktion für große $x \in \mathbb{R}$ existiert das Integral

$$(p, q)_a := \int_{-\infty}^{\infty} dx\, p(x)\, q(x)\, e^{-a\,x^2}$$

für alle $a \in \mathbb{R}_{>0}$. Tatsächlich definiert $(p, q)_a$ für alle $a \in \mathbb{R}_{>0}$ ein Skalarprodukt auf $\mathcal{P}$. Es gilt also insbesondere: Aus $(p, q)_a = 0$ für alle $q \in \mathcal{P}$ folgt $p = 0$.

Überlegen Sie oder untersuchen Sie mit MAPLE (Hinweise zu MAPLE folgen weiter unten):

Aufgabe 11.14 Sei $p \in \mathcal{P}$ gerade, $q \in \mathcal{P}$ ungerade. Sind dann p und q orthogonal bezüglich $(\cdot, \cdot)_a$, gilt also $(p, q)_a = 0$ für alle $a \in \mathbb{R}_{>0}$?

Finden Sie nun mithilfe von MAPLE eine notwendige Bedingung an $a \in \mathbb{R}_{>0}$ dafür, dass die Abbildung L bezüglich $(\cdot, \cdot)_a$ symmetrisch wird.

Berechnen Sie hierzu zunächst mit MAPLE die Integrale $(L(p), q)_a$, $(p, L(q))_a$ für Beispielpolynome $p, q \in \mathbb{R}[X]$ – setzen Sie beispielsweise für p und q Hermite-Polynome (etwa bis $n = 10$) ein. Verwenden Sie dabei die oben besprochene MAPLE-Definition für L und probieren Sie zunächst folgenden Code aus:

```
integrate(L(h(2,x),x)*h(4,x)*exp(-a*x^2),
          x=-infinity..infinity);
```

MAPLE berechnet also das Integral für beliebige Parameter $a \in \mathbb{C} \setminus \{0\}$. Verwenden Sie die Option `assuming a>0`, behandelt MAPLE den Parameter a als positive reelle Zahl, und die Fallunterscheidung verschwindet:

```
integrate(L(h(2,x),x)*h(4,x)*exp(-a*x^2),
          x=-infinity..infinity) assuming a>0;
```

Verwenden Sie `simplify`, um das Ergebnis der Integration zu vereinfachen. Sie können auch den abkürzenden Befehl `int` anstelle von `integrate` benutzen.

Verwenden Sie nun wenn nötig den Befehl `solve(..=..,a)`, um den
Parameter a so zu bestimmen, dass $(L(p), q)_a = (p, L(q))_a$ gilt.

Aufgabe 11.15 Für welche/s $a \in \mathbb{R}_{>0}$ ist die Abbildung L
bezüglich $(\cdot, \cdot)_a$ symmetrisch?

  (a) für alle $a \in \mathbb{R}_{>0}$
  (b) für $a = \frac{1}{2}$
  (c) für $a = 1$
  (d) für beliebige $a \in (0, 1]$
  (e) für alle $a \in \mathbb{N} \setminus \{0\}$

Man kann mithilfe der erzeugenden Funktion $\exp(2xt - t^2)$ der
Hermite-Polynome auch leicht zeigen, dass die richtige oben bestimmte notwendige Bedingung auch hinreichend ist.

Im folgenden bezeichnet $(\cdot, \cdot)$ das Skalarprodukt $(\cdot, \cdot)_1$.

Lassen Sie sich von MAPLE für verschiedene $m, n \in \mathbb{N}$ die Produkte (H_n, H_m) berechnen. Vergewissern Sie sich, dass die Polynome
tatsächlich orthogonal sind. Experimentieren Sie auch mit anderen
Werten für a. Verwenden Sie etwa folgenden Code:

```
a:=1;
for i to 4 do
  for j from 1 to 4 do
    print(int(h(i,x)*h(j,x)*exp(-a*x^2),
              x=-infinity..infinity))
  od
od;
```

Aufgabe 11.16 Geben Sie die erste Ziffer von $\frac{1}{\sqrt{\pi}} (H_{15}, H_{15})$ an.

Aufgabe 11.17 Welche Aussagen sind richtig?

(a) $(H_{14}, H_{16})_a = 0$ für $a = \frac{1}{2}$
(b) $(H_{14}, H_{15})_a = 0$ für alle $a > 0$.
(c) $(H_n, H_n)_a \neq 0$ für alle $n \in \mathbb{Z}_{\geq 0}$ für $a = \frac{1}{2}$
(d) $(H_{14}, H_{16}) = 0$

Überprüfen Sie mit MAPLE, welche der folgenden Aussagen richtig ist.

Aufgabe 11.18 Die mit einem Faktor r_n normierten Hermite-Polynome $\tilde{H}_n := r_n H_n$ mit

(a) $r_n = (\sqrt{\pi}\, n!\, 2^n)^{-1/2}$
(b) $r_n = (\sqrt{\pi}\, n!\, 2^n)^{-1}$
(c) $r_n = (\sqrt{\pi}\, 2^n)^{-1/2}$

bilden für $n \in \mathbb{Z}_{\geq 0}$ bezüglich des Skalarproduktes $(\cdot, \cdot)$ eine Orthonormalbasis von $\mathcal{P}$.

Es seien im folgenden mit $\tilde{H}_n$ die normierten Hermite-Polynome bezeichnet. Achtung: Hierbei bezieht sich der Ausdruck *normiert* nicht auf die Normierung von H_n als Polynom (also nicht auf den höchsten Koeffizienten), sondern auf die Normierung im Sinne einer bezüglich des Skalarproduktes $(\cdot, \cdot)$ normierten Orthogonalbasis von $\mathcal{P}$!

Aufgabe 11.19 Wahr oder falsch? Für den höchsten Koeffizienten a_n von $\tilde{H}_n$ gilt $a_n \neq 1$ für alle $n \in \mathbb{N}$.

Implementieren Sie die normierten Hermite-Polynome in MAPLE. Denken Sie daran, dass MAPLE zwar sowohl für die Eingabe Pi als auch für pi das Symbol π ausgibt, jedoch nur Pi tatsächlich für die Zahl π steht. Vergessen Sie nicht, auch das 0-te Hermite-Polynom zu normieren!

Verwenden Sie etwa

```
ht:=(n,x)
    -> if n=0
       then Pi^(-1/4)
       else expand(Pi^(-1/4)/sqrt(n!*2^n) * (-1)^n *
                 exp(x^2)*diff(exp(-x^2),x$n))
    fi;
```

Berechnen Sie mit MAPLE für $q(x) = x^3 + 4\,x^2 - 13$ die Skalarprodukte $(q, \tilde{H}_0)$, $(q, \tilde{H}_1)$, $(q, \tilde{H}_2)$, $(q, \tilde{H}_3)$ und $(q, \tilde{H}_4)$. Geben Sie etwa ein

```
integrate((x^3+4*x^2-13)*ht(1,x)*exp(-x^2),
          x=-infinity..infinity);
ht(1,x);
ht(1,x)*integrate((x^3+4*x^2-13)*ht(1,x)*exp(-x^2),
          x=-infinity..infinity);
```

Aufgabe 11.20 Geben Sie $\frac{\sqrt{2}}{\sqrt[4]{\pi}}\,(q, H_2)$ an.

Berechnen Sie auch (q, H_0), (q, H_1), (q, H_2) und (q, H_3).

Verwenden Sie nun den Befehl **add**, um in MAPLE die Linearkombinationen $\sum_{l=0}^{3}(q, \tilde{H}_l)\,\tilde{H}_l(x)$ und $\sum_{l=0}^{3}(q, H_l)\,H_l(x)$ zu berechnen. Vergleichen Sie diese Rechnungen auch mit Aufgabe 11.9. Beantworten Sie nun folgende Frage:

Aufgabe 11.21 Was stimmt? Für ein Polynom $p \in \mathcal{P}$ vom Grad n gilt für alle $x \in \mathbb{R}$:

(a) $p(x) = \displaystyle\sum_{l=0}^{n}(p, \tilde{H}_l)\,\tilde{H}_l(x)$

(b) $p(x) = \displaystyle\sum_{l=0}^{n}(p, H_l)\,H_l(x)$

(c) Sei $m < n$, dann gilt $p(x) = \sum_{l=0}^{m}(p, \tilde{H}_l)\,\tilde{H}_l(x)$.

(d) $(H_l, p) = 0$ für $l > n$

(e) $(\tilde{H}_l, p) = 0$ für $l > n$

11.4   Entwicklung in Hermite-Polynome

Man kann allgemeiner Funktionenräume V betrachten, die nicht nur Polynome enthalten, die aber immer noch durch das Skalarprodukt $(\cdot,\cdot)$ mit der Struktur eines Euklidischen Vektorraums versehen werden können. Dadurch wird V insbesondere zum metrischen Raum, so dass man für jedes $f \in V$ sinnvoll nach der Konvergenz der Folge der Partialsummen

$$s_n(f) := \sum_{l=0}^{n} (f, \tilde{H}_l) \, \tilde{H}_l$$

in V fragen kann. Liegt Konvergenz vor, so spricht man von der Entwicklung der Funktion f in Hermite-Polynome. Vergleichen Sie mit Aufgabe 11.4.

Wir erklären Ihnen jetzt ein Programm namens herm, das für eine gegebene Funktion f die Entwicklung

$$\sum_{l=0}^{n} (f, \tilde{H}_l) \, \tilde{H}_l$$

bis zu einem gegebenen $n \in \mathbb{N}$ ausgibt. Wir verzichten darauf, zu überprüfen, ob $(f, f) < \infty$ gilt. Verwenden Sie also

```
herm:=proc(A,x,n) local i;
   add(ht(i,x)*int(exp(-y^2)*A*ht(i,y),
                   y=-infinity..infinity),
       i=0..n)
end;
```

Hierbei steht ht(n,y) für die oben definierten normierten Hermite-Polynome $\tilde{H}_n(x)$. Beachten Sie, dass Sie im ersten Argument die betrachtete Funktion f mit dem Argument y eingeben müssen, damit korrekt integriert wird, also herm(f(y),x,1) oder herm(y^3,x,14). Die Ausgabe von herm ist dann ein algebraischer Ausdruck im zweiten Argument x. Möchten Sie also die entsprechende MAPLE-Funktion definieren, müssen Sie noch den Befehl unapply anwenden, etwa

```
Entw:=unapply(expand(herm(exp(-y^2),x,4)),x);
Entw(6);
```

Um Funktionsgraphen auszugeben, können Sie aber den algebraischen Ausdruck verwenden.

Aufgabe 11.22 Was ist die Ausgabe von
`expand(herm(ht(r,y),x,s))` wenn s kleiner ist als r?

Berechnen Sie mithilfe von `herm` die Entwicklung der Funktion
$f(x) = e^{-x^2}$ in Hermite-Polynome bis zur Ordnung 8.

Aufgabe 11.23 Besitzt `herm(exp(-y^2),x,8)` Terme ungeraden
Grades?

Geben Sie in MAPLE ein:

```
herm8Gauss:=expand(herm(exp(-y^2),x,8));
plot([exp(-x^2),herm8Gauss],x=-3..3);
```

Hierbei berechnen wir zunächst die Entwicklung der zentrierten Gauß-Funktion in Hermite-Polynome und wenden dann den Befehl `plot` an. Gibt man dagegen den Code `plot(herm(exp(-y^2),x,8),x=-3..3)` ein, so muss MAPLE die Entwicklung für jeden Punkt des Graphen neu berechnen.

Betrachten Sie nun die verschobene Gauß-Funktion $\exp(-(x - \frac{1}{2})^2)$ und geben Sie in MAPLE ein:

```
herms:=seq(simplify(herm(exp(-(y-0.5)^2),x,i)),i=0..8);
for i to 8 do
    plot([exp(-(x-0.5)^2),herms[i]],x=-2...2) od;
```

Den letzten Graphen sehen wir uns noch einmal mit einem etwas größeren Wertebereich an:

```
plot([exp(-(x-0.5)^2),herms[8]],x=-4...4);
```

Bemerken Sie, dass der Faktor $\exp(-x^2)$ im Skalarprodukt $(\cdot,\cdot)$ dafür sorgt, dass beim Bestimmen der Koeffizienten das Verhalten der entwickelten Funktion f für kleine Werte von x auschlaggebend ist.

11.5 Fourier-Reihen

In diesem Abschnitt geht es um die Entwicklung von periodischen Funktionen in Fourier-Reihen. Auch hier spielt ein Funktionenraum mit Euklidischer Struktur eine wichtige Rolle. Sehen sich hierzu [Fischer, S.301] und

- H. Heuser: Lehrbuch der Analysis, Teil 2, Teubner, 2004, Kapitel XVII

an.

Sei $V_{\mathbb{R}} := C([0,2\pi],\mathbb{R})$ der Vektorraum der stückweise stetigen reellwertigen Funktionen auf dem Intervall $[0,2\pi]$. Oft setzt man die Einschränkung einer solchen Funktion auf $[0,2\pi)$ oder $(0,2\pi]$ periodisch fort und betrachtet den Vektorraum der stückweise stetigen reellwertigen Funktionen auf $\mathbb{R}$, die periodisch mit Periode 2π sind. Es kann auch sinnvoll sein, komplexwertige Funktionen zu betrachten: Sei $V_{\mathbb{C}} := C([0,2\pi],\mathbb{C})$ der Vektorraum der stückweise stetigen komplexwertigen Funktionen auf dem Intervall $[0,2\pi]$; wir fassen $V_{\mathbb{R}}$ als reellen Untervektorraum von $V_{\mathbb{C}}$ auf.

Überlegen Sie sich, dass $V_{\mathbb{C}}$ durch das hermitesche Skalarprodukt

$$\langle f,g \rangle := \int_0^{2\pi} f(x)\,\overline{g(x)}\ \mathrm{d}x \tag{11.2}$$

die Struktur eines unitären Vektorraums erhält, deren Einschränkung auf den Vektorraum $V_{\mathbb{R}}$ diesen mit der Struktur eines Euklidischen Vektorraums versieht.

Wir wollen wie in den vorangegangenen Abschnitten bezüglich des Skalarproduktes $\langle \cdot,\cdot \rangle$ orthonormale Funktionensysteme in $V_{\mathbb{C}}$ bzw. $V_{\mathbb{R}}$ finden. Betrachten Sie in $V_{\mathbb{R}}$ die Menge von Funktionen

$$\mathcal{B}_{\mathbb{R}} := \big\{ \frac{1}{\sqrt{2\pi}}, \frac{1}{\sqrt{\pi}}\sin(nx), \frac{1}{\sqrt{\pi}}\cos(nx) \big\}_{n \in \mathbb{Z}_{\geq 1}}$$

und probieren Sie den folgenden Code aus:

```
integrate((1/Pi)*cos(n*x)*cos(m*x),x=0..2*Pi)
              assuming n :: posint, m :: posint ;
integrate((1/Pi)*cos(n*x)*cos(n*x),x=0..2*Pi)
              assuming n :: posint;
```

Hierbei teilt der Befehl `assuming n :: posint, m :: posint` MAPLE mit, dass n und m natürliche Zahlen sind; `posint` ist eine Abkürzung für den englischen Ausdruck *positive integer*.

Aufgabe 11.24 Ist das Ergebnis, das MAPLE für

```
integrate((1/Pi)*cos(n*x)*cos(m*x),x=0..2*Pi)
              assuming n :: posint, m :: posint ;
```

ausgibt, für alle $m, n \in \mathbb{Z}_{\geq 1}$ korrekt?

Aufgabe 11.25 Was stimmt?

(a) Die Menge $\mathcal{B}_{\mathbb{R}}$ ist bezüglich des Skalarprodukts (11.2) orthogonal.

(b) Die Menge $\mathcal{B}_{\mathbb{R}}$ ist bezüglich des Skalarprodukts (11.2) orthonormal.

(c) Beide Aussagen sind falsch.

Untersuchen Sie mithilfe von

```
combine(integrate(exp(2*I+n*x),x=0..2*Pi))
        assuming n :: integer;
```

in gleicher Weise die Menge

$$\mathcal{B}_{\mathbb{C}} := \{\exp(2\pi i n x)\}_{n \in \mathbb{Z}} .$$

Der Befehl `combine` vereinfacht die trigonometrischen Funktionen, die auftreten.

Aufgabe 11.26 Was stimmt?

(a) Das von MAPLE ausgegebene Resultat ist für alle $n \in \mathbb{Z}$ korrekt.

(b) Die Menge $\mathcal{B}_\mathbb{C}$ ist bezüglich des Skalarprodukts (11.2) orthogonal.

(c) Die Menge $\mathcal{B}_\mathbb{C}$ ist bezüglich des Skalarprodukts (11.2) orthonormal.

Wir betrachten nun wieder den Vektorraum $V_\mathbb{R}$ mit der Menge $\mathcal{B}_\mathbb{R}$. Für ein Element $f \in V_\mathbb{R}$ nennen wir die Linearkombination

$$s_n(f)(x) := \frac{a_0}{2\pi} + \sum_{k=1}^{n} \left(\frac{a_k}{\pi} \cos kx + \frac{b_k}{\pi} \sin kx \right)$$

mit

$$
\begin{aligned}
a_k &:= \int_0^{2\pi} \mathrm{d}x f(x) \cos(kx) = \langle f, \cos(k\cdot) \rangle \ , \\
b_k &:= \int_0^{2\pi} \mathrm{d}x f(x) \sin(kx) = \langle f, \sin(k\cdot) \rangle \ , \\
a_0 &:= \int_0^{2\pi} \mathrm{d}x f(x) = \langle f, 1 \rangle
\end{aligned}
$$

die Fourier-Entwicklung der Funktion f der Ordnung n. Geben Sie den folgenden Code ein:

```
a:=(A,k)->integrate(A*sin(k*y),y=0..2*Pi);
b:=(A,k)->integrate(A*cos(k*y),y=0..2*Pi);
plot(Heaviside(y-Pi/2),y=0..2*Pi);
fourierVersuch:=(A,n)->
    add(a(A,k)*sin(k*x)/Pi+b(A,k)*cos(k*x)/Pi,
        k=0..n);
plot([Heaviside(x-Pi/2),
      fourierVersuch(Heaviside(y-Pi/2),20)], x=0..2*Pi);
```

Beachten Sie, dass die Definition von a und b erfordert, dass man eine Funktion, die entwickelt werden soll, mit dem Argument y eingeben muss, im Beispiel oben also

```
fourierVersuch(Heaviside(y-Pi/4),20);
```

Sie sehen an der von MAPLE ausgegebenen Graphik, dass die Routine
`fourierVersuch` die eingegebene Funktion nicht korrekt annähert.
Überzeugen Sie sich davon, dass dies daran liegt, dass der konstante
Term a_0 nicht richtig implementiert wurde.

Aufgabe 11.27 Wahr oder falsch? Der Fehler in der Definition
von `fourierVersuch` führt dazu, dass die Reihe um eine Konstante
verschoben ist, die unabhängig von der Funktion ist, deren Fourier-
Entwicklung betrachtet wird.

Überlegen Sie sich, wie die richtige Implementierung der Fourier-
Entwicklung aussieht.

Erinnern Sie sich an die folgenden Eigenschaften der Fourier-
Entwicklung, siehe z.B. Kapitel XVII des oben angegebenen Lehr-
buchs von Heuser:

- Ist $T_n := \mathrm{span}_{\mathbb{R}}\{1, \sin(kx), \cos(kx)\}_{k=1\ldots n}$, so ist

$$\|f - s_n(f)\|_2 = \min_{t \in T_n} \|f - t\|_2\,,$$

  wobei $\|f\|_2 := \sqrt{\langle f, f\rangle}$ die vom Skalarprodukt (11.2) induzier-
  te L^2-Norm auf $V_{\mathbb{R}}$ bezeichne. Die Fourier-Entwicklung $s_n(f)$
  ist sogar das eindeutig bestimmte Minimum: Man sagt, sie sei
  "beste Approximation im quadratischen Mittel".

- Ist eine Funktion f
  stückweise monoton und beschränkt oder
  stückweise beschränkt differenzierbar oder
  stückweise stetig differenzierbar,
  so konvergiert die Fourier-Reihe, also $s_n(f)$ für $n \to \infty$, punkt-
  weise gegen das arithmetische Mittel von rechtsseitigem und
  linksseitigem Limes der Funktion:

$$\lim_{n \to \infty} s_n(f)(x) = \frac{f(x_+) + f(x_-)}{2}\,. \qquad (11.3)$$

  Sie konvergiert also in den eben genannten drei Situationen insbesondere an den Stetigkeitsstellen gegen den Funktionswert.

Machen Sie sich die letzte Aussage noch einmal am Beispiel der Stufenfunktion mithilfe des folgenden Codes klar:

```
a:=(A,k)->integrate(A*sin(k*y),y=0..2*Pi);
b:=(A,k)->integrate(A*cos(k*y),y=0..2*Pi);
plot(Heaviside(y-Pi/2),y=0..2*Pi):
fourierreihe:=(A,n)->b(A,0)/(2*Pi)+
add(a(A,k)*sin(k*x)/Pi+b(A,k)*cos(k*x)/Pi,k=1..n):
plot([Heaviside(x-Pi/2),
      fourierreihe(Heaviside(y-Pi/2),20)],x=0..2*Pi);


evalf(subs(x=3,fourierreihe(Heaviside(y-Pi/2),5)));

heavy20
  :=unapply(expand(fourierreihe(Heaviside(y-Pi/2),20)),x)
evalf(heavy20(3));
```

Aufgabe 11.28 Wahr oder falsch? Bei der Fourier-Entwicklung der Heavisideschen Stufenfunktion zur Ordnung 10 unterscheiden sich die linke und rechte Seite von Gleichung (11.3) in $x = \frac{\pi}{2}$ um weniger als 10 %.

12 Normalformen

Mathematische Inhalte:

> Ähnlichkeitsklassen quadratischer Matrizen, Frobeniussche Normalform, Jordansche Normalform, Begleitmatrix

Stichworte (MAPLE):

> FrobeniusForm, JordanForm, JordanBlockMatrix,
> CompanionMatrix, DiagonalMatrix, Factor mod p

Wir wollen uns in diesem Kapitel mit der Ähnlichkeit quadratischer Matrizen befassen. Wir erinnern dabei zunächst an die Jordansche Normalform, die Ähnlichkeitsklassen von Matrizen über den komplexen Zahlen eindeutig charakterisiert, und betrachten dann die Frobeniussche Normalform, die über *jedem* Körper Ähnlichkeitsklassen eindeutig bestimmt.

12.1 Die Jordansche Normalform

Jede quadratische Matrix über dem Körper der komplexen Zahlen kann durch eine Ähnlichkeitstransformation in ihre zugehörige Jordansche Normalform überführt werden. Tatsächlich existiert diese Normalform über einem beliebigen Körper K für solche Matrizen, deren charakteristisches Polynom über K vollständig in Linearfaktoren zerfällt. Über dem Körper $\mathbb{R}$ der reellen Zahlen zerfällt nicht jedes Polynom in Linearfaktoren. Allerdings treten die komplexen Nullstellen, die nicht in $\mathbb{R}$ liegen, als Paare komplex konjugierter Zahlen auf. Diese Beobachtung führt auf eine einfache Verallgemeinerung der Jordanschen Normalform für beliebige reelle Matrizen, siehe zum Beispiel

- H.-J. Kowalsky: Lineare Algebra, de Gruyter, 1979, §35.7.

Diese werden wir allerdings im Folgenden nicht betrachten.

In MAPLE können Sie sich mithilfe des Befehls `JordanBlockMatrix` aus der Bibliothek `LinearAlgebra` Matrizen in Jordanscher Normalform verschaffen. Der Befehl `JordanForm` aus der gleichen Bibliothek berechnet die Jordansche Normalform einer vorgegebenen Matrix. Betrachten Sie zur Illustration folgenden Code

```
with(LinearAlgebra):
M:=JordanBlockMatrix([[1,2],[4,2],[7,1]]);
S:=RandomMatrix(5):
Sinv:=MatrixInverse(S):
A:=S.M.Sinv;
JordanForm(A);
```

Aufgabe 12.1 Welchen Rang hat die Matrix
`JordanBlockMatrix([[1,3],[0,1],[0,2],[0,3]])`?

Betrachten Sie nun die folgende quadratische Matrix

$$\begin{pmatrix} 4 & -3 & 2 & -8 \\ 0 & 4 & 0 & 0 \\ 0 & -1 & 4 & -3/2 \\ 0 & 2 & 0 & 7 \end{pmatrix}$$

Berechnen Sie in einem ersten Arbeitsschritt mithilfe von MAPLE das charakteristische Polynom und das Minimalpolynom der Matrix. Verwenden Sie dann den Befehl `factor`, um sich die Vielfachheit der Nullstellen von charakteristischem Polynom und Minimalpolynom zu verschaffen. Berechnen Sie auch mithilfe des MAPLE-Befehls `Eigenvectors` die geometrischen Vielfachheiten der Eigenwerte. Verschaffen Sie sich in einem zweiten Arbeitsschritt mit dem Befehl `JordanForm` die Jordansche Normalform der Matrix.

Überlegen Sie sich nun, wie die im ersten Schritt berechneten Größen aus der Jordanschen Normalform abgelesen werden können.

Betrachten Sie nun auf dieselbe Weise die Matrix

$$\begin{pmatrix} 7 & 0 & 0 & 0 \\ 0 & 4 & 0 & 0 \\ 0 & 0 & 4 & 0 \\ 0 & 0 & 0 & 4 \end{pmatrix},$$

sowie die beiden in MAPLE gegebenen Matrizen

```
JordanBlockMatrix([[4,3],[4,2],[4,2]]);
JordanBlockMatrix([[4,3],[4,3],[4,1]]);
```

Beantworten Sie nun folgende Fragen; lesen Sie auch etwa in [Fischer, §4.6] nach.

Aufgabe 12.2 Wahr oder falsch? Quadratische Matritzen mit demselben Minimalpolymon haben dieselbe Jordansche Normalform.

Aufgabe 12.3 Wahr oder falsch? Zwei Matrizen in $M(n \times n, \mathbb{C})$ sind genau dann ähnlich zueinander, wenn sie die gleiche Jordansche Normalform besitzen.

Aufgabe 12.4 Welche Aussagen stimmen für alle Matrizen $A \in M(n \times n, \mathbb{C})$?

(a) Die Vielfachheit einer Nullstelle des Minimalpolynoms von A ist gleich der Größe der zugehörigen Jordanblöcke.

(b) Sei m_a die Vielfachheit einer Nullstelle a des Minimalpolynoms von A. Dann ist die maximale Größe eines Jordanblocks zu a gleich m_a.

(c) Sei k_a die Vielfachheit einer Nullstelle a des charakteristischen Polynoms von A. Dann tritt a genau k_a-mal auf der Diagonalen der Jordanschen Normalform von A auf.

(d) Die Zahl der Jordanblöcke zu einem Eigenwert a ist gleich der geometrischen Vielfachheit von a.

12.2 Begleitmatrizen

Zur Vorbereitung auf die Frobeniussche Normalform betrachten wir zunächst so genannte Begleitmatrizen. Sei K ein Körper, $p = X^n + a_{n-1}X^{n-1} + \ldots + a_1 X + a_0 \in K[X]$ ein normiertes Polynom vom Grad $n \geq 1$, dann ist die Begleitmatrix zu p die $n \times n$-Matrix

$$\begin{pmatrix} 0 & 0 & 0 & \ldots & 0 & -a_0 \\ 1 & 0 & 0 & \ldots & 0 & -a_1 \\ 0 & 1 & 0 & \ldots & 0 & -a_2 \\ \vdots & & & & & \\ 0 & 0 & 0 & \ldots & 1 & -a_{n-1} \end{pmatrix}$$

In MAPLE erzeugt der Befehl `CompanionMatrix` aus der Bibliothek `LinearAlgebra` die Begleitmatrix (englisch: *companion matrix*) zu einem normierten Polynom. Geben Sie zur Illustration folgenden Code ein:

```
CompanionMatrix(X^3+a*X^2+b*X+c,X);
CompanionMatrix(X+c,X);
```

Aufgabe 12.5 Was stimmt?

(a) Die Begleitmatrix zu $p = X^n \in K[X]$ mit $n \geq 1$ ist die $n \times n$-Nullmatrix.

(b) Obige Aussage ist nur für $n = 1$ richtig.

Untersuchen Sie nun an Beispielen, auch für endliche Körper, das charakteristische Polynom und das Minimalpolynom der Begleitmatrix eines normierten Polynoms. Verwenden Sie hierbei die Syntax

```
A:=CompanionMatrix((X-a)^2*(X-b)*(X-c),X);
factor(CharacteristicPolynomial(A,X));
factor(MinimalPolynomial(A,X));

B:=CompanionMatrix(X^2+r*X+s,X);
CharacteristicPolynomial(B,X);
MinimalPolynomial(B,X);
```

```
C:=CompanionMatrix(X^4+X+2,X);
CharacteristicPolynomial(C,X);
MinimalPolynomial(C,X);
```

beziehungsweise

```
Am:=CompanionMatrix(X^2+2) mod 3;
chi:=CharacteristicPolynomial(Am,X) mod 3;
mu:=MinimalPolynomial(Am,X) mod 3;
Factor(chi) mod 3;
Factor(mu) mod 3;
```

und beobachten Sie, wie das Ergebnis sich verändert, wenn man modulo anderer Primzahlen rechnet oder   mod 3   weglässt. Beachten Sie, dass der Befehl Factor mit einem Großbuchstaben verwendet werden muss, wenn man ihn zusammen mit dem Befehl mod verwenden möchte.

Untersuchen Sie nun auf die gleiche Art und Weise Begleitmatrizen zu weiteren Polynomen über $\mathbb{Q}, \mathbb{R}, \mathbb{C}$ sowie über endlichen Körpern und beantworten Sie folgende Frage:

Aufgabe 12.6 Was gilt für die von Ihnen untersuchten Matrizen?

(a) Das normierte charakteristische Polynom und das Minimalpolynom der Begleitmatrix eines normierten Polynoms $g \in \mathbb{C}[X]$ fallen stets zusammen und sind gleich g.

(b) Das normierte charakteristische Polynom und das Minimalpolynom der Begleitmatrix eines normierten Polynoms $g \in K[X]$ über einem beliebigen Körper K fallen stets zusammen und sind gleich g.

Die richtige/n Aussage/n aus obiger Aufgabe stimmen allgemein. Sehen Sie sich dazu auch etwa Bemerkung F11 aus Kapitel V in

- F. Lorenz, Lineare Algebra I, Spektrum Akademischer Verlag, 2005

an.

Beachten Sie auch Bemerkung F16 in Kapitel IX von

- F. Lorenz, Lineare Algebra II, Spektrum Akademischer Verlag, 2005.

Überlegen Sie nun, welche der unten aufgeführten Aussagen richtig sind. Sie können dabei auch MAPLE verwenden, etwa um mithilfe *geeigneter* Matrizen Aussagen zu widerlegen. Allerdings gelangen Sie wahrscheinlich durch Überlegung schneller ans Ziel.

Aufgabe 12.7 Welche Aussagen stimmen *nicht*?

(a) Eine Matrix ist stets ähnlich zur Begleitmatrix ihres charakteristischen Polynoms.

(b) Die Begleitmatrix des Minimalpolynoms einer Matrix hat genau so viele Spalten wie die Matrix selbst.

Überlegen Sie anhand von Aufgabe 12.6, wie die Jordansche Normalform von Begleitmatrizen aussieht oder berechnen Sie diese mithilfe des Befehls `JordanForm` konkret für die oben untersuchten Begleitmatrizen. Berechnen Sie auch die Jordansche Normalform der Begleitmatrizen von Polynomen der Form $p_n(X) = X^n + X^{n-1} + X^{n-2} + \ldots + X + 1$ für einige $n \geq 1$.

Aufgabe 12.8 Was stimmt?

(a) Die Jordansche Normalform der Begleitmatrizen von

$$p_n(X) = X^n + X^{n-1} + X^{n-2} + \ldots + X + 1$$

für $n \geq 1$ besteht aus n Blöcken.

(b) Die Jordansche Normalform einer Begleitmatrix ist stets eine Diagonalmatrix.

12.3 Die Frobeniussche Normalform

Für den Rest des Kapitels verweisen wir auf Kapitel IX von

- F. Lorenz, Lineare Algebra II, Spektrum Akademischer Verlag, 2005.

Sei
$A \in M(n \times n, K)$ eine quadratische Matrix mit Einträgen in einem Körper K. Die so genannte Frobeniussche Normalform ist eine eindeutig bestimmte zu A ähnliche Matrix A_{Frob}, die aus Blöcken von Begleitmatrizen besteht. Insbesondere sind zwei Matrizen genau dann ähnlich, wenn sie dieselbe Frobeniussche Normalform besitzen. Die Frobeniussche Normalform existiert – im Gegensatz zur Jordanschen Normalform – für beliebige Matrizen über beliebigen Körpern K. Wir werden uns hier jedoch auf den Fall $K = \mathbb{C}$ beschränken.

Um die Frobeniussche Normalform einer Matrix A in MAPLE zu berechnen, steht uns der Befehl `FrobeniusForm` aus der Bibliothek `LinearAlgebra` zur Verfügung. Mit der Option `output=['F', 'Q']`, also etwa

```
FrobeniusForm(A, output=['F', 'Q']);
```

erhält man nicht nur die zu A ähnliche Matrix A_{Frob} in Frobenius-Form, sondern auch die Matrix S, die die Ähnlichkeitstransformation beschreibt: $A_{\mathrm{Frob}} = S^{-1}AS$. Um der Frobeniusschen Normalform und der Transformationsmatrix in MAPLE Namen zuzuweisen, können Sie Syntax der Form `AFrob,S:= FrobeniusForm(A, output=['F', 'Q'])` verwenden.

Berechnen Sie mit MAPLE das Minimalpolynom und das charakteristische Polynom der Matrix $A \in M(4 \times 4, \mathbb{R})$:

$$A = \begin{pmatrix} -8 & -7 & 15 & 3 \\ -17 & -28 & 0 & 12 \\ -17 & 2 & 15 & 12 \\ -\frac{113}{3} & -\frac{122}{3} & -\frac{5}{3} & 21 \end{pmatrix}$$

Aufgabe 12.9 Wahr oder falsch? Das Minimalpolynom und das charakteristische Polynom von A sind gleich.

Berechnen Sie nun mithilfe von `FrobeniusForm` die Frobeniussche Normalform dieser Matrix.

Aufgabe 12.10 Wahr oder falsch? Die Frobeniussche Normalform von A ist die Begleitmatrix des Minimalpolynoms von A.

Betrachten nun Sie die folgende Matrix $B \in M(6 \times 6, \mathbb{R})$:

$$B = \begin{pmatrix} 2 & 0 & 0 & 0 & 0 & 0 \\ 0 & 0 & -4 & 0 & 0 & 0 \\ 0 & 1 & 4 & 0 & 0 & 0 \\ 0 & 0 & 0 & 0 & 0 & 12 \\ 0 & 0 & 0 & 1 & 0 & -16 \\ 0 & 0 & 0 & 0 & 1 & 7 \end{pmatrix}$$

Berechnen Sie mit MAPLE das Minimalpolynom und das charakteristische Polynom der Matrix.

Aufgabe 12.11 Wahr oder falsch? Das Minimalpolynom und das charakteristische Polynom von B sind gleich.

Berechnen Sie nun die Frobeniussche Normalform von B.

Aufgabe 12.12 Aus wie vielen Blöcken, die jeweils die Form von Begleitmatrizen haben, besteht die Frobeniussche Normalform von B?

Aufgabe 12.13 Was stimmt?

(a) Einer der auftretenden Blöcke ist die Begleitmatrix des normierten charakteristischen Polynoms von B.

(b) Einer der auftretenden Blöcke ist die Begleitmatrix des Minimalpolynoms von B.

Betrachten Sie nun die folgende Matrix $C \in M(6 \times 6, \mathbb{R})$:

$$C = \begin{pmatrix} -\frac{4027}{3} & \frac{2641}{3} & -231 & -792 & 495 & -3243 \\ -\frac{6373}{3} & \frac{4303}{3} & -393 & -1224 & 801 & -5349 \\ 736 & -512 & 160 & 416 & -296 & 1992 \\ \frac{3926}{3} & -\frac{2498}{3} & 206 & 784 & -470 & 3022 \\ -\frac{1555}{3} & \frac{1129}{3} & -119 & -288 & 231 & -1507 \\ -449 & 307 & -87 & -256 & 175 & -1163 \end{pmatrix}$$

Berechnen Sie das Minimalpolynom und das charakteristische Polynom der Matrix.

Aufgabe 12.14 Wahr oder falsch? Das Minimalpolynom und das charakteristische Polynom von C sind gleich.

Aufgabe 12.15 Wie viele Begleitmatrizen treten in der Frobeniusschen Normalform von C auf?

Betrachten Sie die normierten Polynome, deren Begleitmatrizen in der Frobeniusschen Normalform von C auftreten. Prüfen Sie, ob diese Polynome alle das Minimalpolynom oder ob einige unter ihnen nur das charakteristische Polynom von C teilen. Faktorisieren Sie mithilfe des Befehls `factor` alle betrachteten Polynome, um zu untersuchen, welche Teiler des charakteristischen und des Minimalpolynoms auftreten.

Aufgabe 12.16 Was gilt?

(a) Alle Polynome zu den Begleitmatrizen, die in der Frobenius-schen Normalform von C auftreten, sind Teiler des Minimal-polynoms von C.

(b) Es gibt Polynome zu den Begleitmatrizen, die in der Frobe-niusschen Normalform von C auftreten, die zwar Teiler des charakteristischen Polynoms, aber nicht des Minimalpolynoms von C sind.

(c) Das Polynom höchsten Grades, dessen Begleitmatrix in der Frobeniusschen Normalform von C auftritt, ist das Minimal-polynom von C.

(d) Die Begleitmatrizen *aller* möglichen Teiler des Minimalpoly-noms von C treten in der Frobeniusschen Normalform von C auf.

Die richtigen Aussagen in obiger Aufgabe gelten allgemein. Wir wer-den dies im Folgenden näher untersuchen.

Um die in der Frobeniusschen Normalform auftretenden Begleitma-trizen zu verstehen, betrachten wir nun speziell Diagonalmatrizen, da deren Minimalpolynome besonders einfach sind. In MAPLE ver-schaffen wir uns Diagonalmatrizen am einfachsten mit dem Befehl DiagonalMatrix. Geben Sie also folgenden Code ein:

```
A1:=FrobeniusForm(DiagonalMatrix([1,2,3,4,5]));
A2:=FrobeniusForm(DiagonalMatrix([1,2,2,4,5]));
A3:=FrobeniusForm(DiagonalMatrix([1,1,1,4,5]));
A4:=FrobeniusForm(DiagonalMatrix([1,1,1,4,4]));
A5:=FrobeniusForm(DiagonalMatrix([1,2,2,2,2]));
A6:=FrobeniusForm(DiagonalMatrix([2,2,2,2,2]));
```

Lesen Sie von Hand die Polynome ab, deren Begleitmatrizen in den oben berechneten Frobeniusschen Normalformen auftreten und fak-torisieren Sie diese mithilfe des Befehls `factor`.

Seien in den folgenden Fragen die Polynome, deren Begleitmatrizen in den Frobeniusschen Normalformen der oben untersuchten Matri-zen A_j für $j = 1, \ldots 6$ auftreten, mit $c_i(A_j)$ bezeichnet.

Aufgabe 12.17 Welche Aussagen stimmen für jede der untersuchten Matrizen A_j?

(a) Man kann die Polynome so anordnen, dass das Polynom $c_i(A_j)$ das Polynom $c_{i+1}(A_j)$ teilt.
(b) Eines der Polynome $c_i(A_j)$ ist gleich dem Minimalpolynom von A_j.
(c) Eines der Polynome $c_i(A_j)$ ist gleich dem normierten charakteristischen Polynom von A_j.
(d) Alle Polynome $c_i(A_j)$ teilen das Minimalpolynom von A_j.

Aufgabe 12.18 Welche Aussagen stimmen für alle von Ihnen untersuchten Matrizen A_j?

(a) Für festes j ist das Produkt aller $c_i(A_j)$ gleich dem Minimalpolynom $\mu(A_j)$ von A_j, also $\prod_i c_i(A_j) = \mu(A_j)$.
(b) Für festes j ist das Produkt aller $c_i(A_j)$ gleich dem charakteristischen Polynom $\chi(A_j)$ von A_j, also $\prod_i c_i(A_j) = \chi(A_j)$.

Aufgabe 12.19 Wahr oder falsch? Es gibt genau dann nur einen Block in der Frobeniusschen Normalform, wenn charakteristisches Polynom und Minimalpolynom übereinstimmen.

Die richtigen Aussagen in den obigen beiden Aufgaben gelten allgemein für beliebige Matrizen über beliebigen Körpern, siehe Kapitel IX im zu Beginn dieses Abschnitts genannten Buch von F. Lorenz.

Betrachten Sie nun noch die Jordansche Normalform `M:=JordanBlockMatrix([[2,2],[3,2]])` und beantworten Sie folgende Frage:

Aufgabe 12.20 Ist die Zahl der Begleitmatrizen in der Frobeniusschen Normalform von M gleich der Zahl der Jordan-Blöcke von M?

12.4 Clock- und Shift-Matrizen

In manchen Anwendungen spielen die folgenden beiden Matrizen S, C in $M(N \times N, \mathbb{C})$ eine Rolle, deren Einträge alle 0 sind bis auf $C_{jj} = \exp(2\pi i(j-1)/N)$ für $j \in \{1, \ldots, N\}$ und $S_{j,j+1} := 1$ für $j \in \{1, \ldots, N-1\}$, sowie $S_{N,1} = 1$.
Implementieren Sie die beiden Matrizen so in MAPLE, dass Sie die folgenden Fragen für verschiedene Werte von N untersuchen können. Hinweis: Denken Sie an Aufgabe 3.16.

Um den Namen *shift* (englisch für Verschieben) zu verstehen, sollten Sie zunächst Produkte SA, S^2A, ... für eine in MAPLE definierte $N \times N$-Matrix

```
A:=N->Matrix(N,symbol=a);
```

anwenden.

Aufgabe 12.21 Wahr oder falsch?

(a) Für alle Werte von $N \in \mathbb{N}$ haben beide Matrizen Spur null.

(b) Die beiden Matrizen haben Determinante $(-1)^N$.

(c) Die beiden Matrizen haben Determinante $(-1)^{N-1}$.

(d) Die beiden Matrizen sind ähnlich.

(e) Für die Matrizen gilt $S^N = E_N$ und $C^N = E_N$.

(f) Das charakteristische Polynom der beiden Matrizen ist $X^N - 1$ für alle Werte von $N \in \mathbb{N}$.

(g) Das Minimalpolynom der beiden Matrizen ist $X^N - 1$ für alle Werte von $N \in \mathbb{N}$.

(h) Für alle Werte von $N \in \mathbb{N}$ ist die Matrix C unitär.

(i) Für alle Werte von $N \in \mathbb{N}$ ist die Matrix S unitär.

Überlegen Sie sich: Was erwarten Sie für die Frobeniusschen Normalformen von S und C?

Aufgabe 12.22 Besitzen S und C für alle $N \in \mathbb{N}$ dieselbe Frobeniussche Normalform?

Aufgabe 12.23 Berechnen Sie die Produkte SC und CS. Was gilt?

(a) $SC - CS = \exp(2\pi i/N)\, E$ mit der Einheitsmatrix E.
(b) $SC = \exp(2\pi i/N)\, CS$.
(c) $SC = CS$

Hinweis: Um die Einträge von Matrizen zu vereinfachen, können Sie den Befehl map(simplify,...) bzw. map(expand,...) verwenden.

Berechnen Sie nun die Produkte C^i und S^i für sinnvolle Werte von i. Betrachten Sie dann $C^i S$, $C^i S^2 \ldots$.

Aufgabe 12.24 Wahr oder falsch?
Die Matrizen der Form $S^i C^j$ für $1 \le i, j \le N$ bilden eine Basis des Vektorraums $M(N \times N, \mathbb{C})$.

13 Gewöhnliche Differentialgleichungen

Mathematische Inhalte:

Lösbarkeit, Lipschitz-Bedingung, nicht-lineare Differentialgleichungen, Satz von Picard-Lindelöf, Systeme linearer Differentialgleichungen, Fundamentalsystem, Wronski-Determinante, Matrixexponential

Stichworte (MAPLE):

dsolve, rhs, lhs, Wronskian, MatrixExponential

In diesem Kapitel betrachten wir gewöhnliche Differentialgleichungen. Dies sind Gleichungen an eine oder mehrere Funktionen einer reellen (oder komplexen) Variablen. Als Funktionswerte lassen wir sowohl reelle als auch komplexe Zahlen zu.

13.1 Existenz und Eindeutigkeit

Wir betrachten die folgende allgemeine Situation: sei $U \subset \mathbb{R} \times \mathbb{R}^n$ eine offene Teilmenge und $f : U \to \mathbb{R}^n$ eine stetige Funktion. Dann nennt man $y' = f(x, y)$ ein System von n gewöhnlichen Differentialgleichungen erster Ordnung, siehe etwa [Forster 2, §12]. Erinnern Sie sich daran, was eine Lipschitz-Bedingung und was eine lokale Lipschitz-Bedingung für f ist.

Aufgabe 13.1 Was stimmt?

(a) Ist f stetig partiell differenzierbar auf U, dann genügt f einer Lipschitz-Bedingung.

(b) Ist f stetig partiell differenzierbar auf U, dann genügt f einer lokalen Lipschitz-Bedingung.

(c) Die Funktion $f(y) = y^\alpha$ erfüllt für alle Werte von $\alpha \in \mathbb{R}$ auf ganz $\mathbb{R}$ eine lokale Lipschitz-Bedingung.

(d) Die Funktion $f(y) = y^\alpha$ erfüllt für alle reellen $\alpha \geq 1$ auf ganz $\mathbb{R}$ eine lokale Lipschitz-Bedingung.

Die Bedeutung der Lipschitz-Bedingung ist, dass sie die Eindeutigkeit einer Lösung für vorgegebene Anfangswerte sowie nach dem Satz von Picard-Lindelöf *lokale* Lösbarkeit garantiert.

Aufgabe 13.2 Wahr oder falsch. Für alle $0 < \alpha < 1$ hat die Differentialgleichung $y' = y^\alpha$ für die Anfangsbedingung $y(0) = 0$ lokal um $x = 0$ stets eine eindeutige Lösung.

Wir wollen uns nun mit MAPLE als Beispiel die Differentialgleichung

$$y' = \frac{2}{3} x\, y^4$$

etwas näher ansehen. Wir wollen dabei Anfangsbedingungen $y(0) = a$ mit $a = \pm 1$ betrachten.

Verwenden Sie dafür den folgenden Code, der den Befehl `dsolve` benutzt:

```
dg:=diff(y(x),x)-(2/3)*x*y(x)^4;
dsolve({dg=0,y(0)=-1},y(x));
loes:=unapply(rhs(dsolve({dg=0,y(0)=a},y(x))),x);
plot(loes);
```

Der Befehl `rhs`, der abkürzend für *right hand side* steht, wählt aus einer Gleichung `a = b` in MAPLE den Teil aus, der rechts des Gleichheitszeichens steht. Ebenso wählt `lhs` für *left hand side* den linken Teil aus. Der Befehl `unapply` definiert die Lösung als Funktion von x.

Aufgabe 13.3 Untersuchen Sie die Lösungen um den Punkt $x = 0$ herum. Was gilt?

(a) Für den Anfangswert $a = 1$ findet man keine auf ganz $\mathbb{R}$ definierte Lösung.

(b) Für den Anfangswert $a = -1$ findet man eine auf ganz $\mathbb{R}$ definierte Lösung.

(c) Für beide Werte von a sind die Lösungsfunktionen rein reell.

13.2   Lineare Differentialgleichungen

Die Verhältnisse vereinfachen sich beträchtlich im Falle von Systemen linearer Differentialgleichungen, die wir nun untersuchen.

Sei $\mathbb{K} = \mathbb{C}$ oder $\mathbb{R}$. Sei $I \subset \mathbb{R}$ ein Interval und sei die matrixwertige Funktion

$$A = \begin{pmatrix} a_{11} & \cdots & a_{1n} \\ \vdots & & \vdots \\ a_{11} & \cdots & a_{1n} \end{pmatrix} : I \to M(n \times n, \mathbb{K})$$

stetig, d.h. für alle $1 \le i,j \le n$ sei die Funktion $a_{ij} : I \to \mathbb{K}$ stetig. Wir betrachten das homogene Differentialgleichungssystem

$$y' = A(t)\,y \tag{13.1}$$

bzw. das inhomogene Differentialgleichungssystem

$$y' = A(t)\,y + b(t) \qquad \text{mit } b^t = (b_1, \ldots . b_n) : I \to \mathbb{K}^n , \tag{13.2}$$

wobei y' die erste Ableitung von $y : I \to \mathbb{K}$ bezeichnet. Hierbei ist $b : I \to \mathbb{K}^n$ nicht die Nullfunktion, also $b \ne 0$.

Die Tatsache, dass nun die für die Differentialgleichung relevante Funktion auf allen kompakten Teilintervallen eine globale Lipschitz-Bedingung erfüllt, erlaubt es, stärkere Aussagen über die Lösbarkeit zu machen, siehe etwa [Forster 2, §13].

Aufgabe 13.4 Was ist richtig?

(a) Es gibt nicht immer eine Lösung $\phi : I \to \mathbb{K}$ von (13.1).

(b) Zu jedem $t_0 \in I$ und $c \in \mathbb{K}^n$ gibt es stets eine eindeutige Lösung $\phi : I \to \mathbb{K}$ von (13.1) mit $\phi(t_0) = c$.

(c) Im allgemeinen gibt es zu $t_0 \in I$ und $c \in \mathbb{K}^n$ verschiedene Lösungen $\phi : I \to \mathbb{K}$ von (13.1) mit $\phi(t_0) = c$.

Aufgabe 13.5 Was ist richtig?

(a) Es gibt nicht immer eine Lösung $\phi : I \to \mathbb{K}$ von (13.2).

(b) Zu jedem $t_0 \in I$ und $c \in \mathbb{K}^n$ gibt es stets eine eindeutige Lösung $\phi : I \to \mathbb{K}$ von (13.2) mit $\phi(t_0) = c$.

(c) Im allgemeinen gibt es zu $t_0 \in I$ und $c \in \mathbb{K}^n$ verschiedene Lösungen $\phi : I \to \mathbb{K}$ von (13.2) mit $\phi(t_0) = c$.

Die Theorie zur Lösung linearer Differentialgleichungen weist viele Ähnlichkeiten mit der Theorie der Lösungen linearer Gleichungen auf, die Sie aus der Linearen Algebra kennen. Dies ist kein Zufall: Die Differentiation ist eine lineare Abbildung zwischen Vektorräumen von Funktionen. Wie im Fall linearer Gleichungssysteme ist der Lösungsraum L_I eines inhomogenen linearen Differentialgleichungssystems erster Ordnung (13.2) durch den Lösungsraum L_H der Lösungen des zugehörigen homogenen Systems (13.1) sowie eine spezielle Lösung $\psi : I \to \mathbb{K}$ von (13.2) bestimmt.

Aufgabe 13.6 Was gilt?

(a) Der Raum L_H trägt stets die Struktur eines $\mathbb{K}$-Vektorraums.

(b) Der Raum L_I trägt stets die Struktur eines $\mathbb{K}$-Vektorraums.

(c) Der Raum L_I trägt im allgemeinen nur die Struktur eines affinen Raums über $\mathbb{K}$.

(d) Die Räume L_I und L_H haben als affine Räume gleiche Dimension.

Wir betrachten zunächst nur eine Gleichung, $n = 1$ in (13.1) und bestimmen mithilfe von MAPLE eine Lösung der homogenen linearen Differentialgleichung $y' + y \ln t = 0$. Verwenden Sie dazu folgenden Code:

```
dg:=diff(y(t),t)+ln(t)*y(t);
dsolve({dg=0},y(t));
```

Die noch freie Integrationskonstante _C1 wird durch die Wahl einer Anfangsbedingung festgelegt, z.B. $y(0) = 3$. Geben Sie dazu folgenden Code ein:

```
dsolve({dg=0,y(0)=3},y(t));
```

Geben Sie nun folgenden Code ein:

```
rhs(dsolve({dg=0,y(0)=3},y(t)));
```

Verwenden Sie den Befehl rhs, um die Lösung als Funktion von t zu definieren. Geben Sie dazu

```
loes:=unapply(rhs(dsolve({dg=0,y(0)=3},y(t))),t);
```

ein.

Aufgabe 13.7 Finden Sie mithilfe des Befehls evalf die erste Ziffer von loes(3).

Wir betrachten nun ein System von zwei linearen Differentialgleichungen für zwei Funktionen, also sei nun $n = 2$:

$$y' = \begin{pmatrix} 0 & 3 \\ -2 & 0 \end{pmatrix} y \tag{13.3}$$

Probieren Sie folgenden Code aus:

```
f1:=diff(y1(t),t)-3*y2(t);
f2:=diff(y2(t),t)+2*y1(t);
dsolve({f1=0,f2=0},{y1(t),y2(t)});
```

Aufgabe 13.8 Wie viele Integrationskonstanten kommen in der Lösung vor?

Ein Fundamentalsystem ist per Definition eine Basis des Lösungsraums einer linearen Differentialgleichung. Bestimmen Sie nun ein Fundamentalsystem des Systems (13.3).

Aufgabe 13.9 Welche der folgenden Paare von Funktionen (ϕ_1, ϕ_2) bilden ein Fundamentalsystem von (13.3)? Überlegen Sie sich zunächst die Antwort und benutzen Sie dann MAPLE für die Probe.

(a) $\phi_1(t) = \sqrt{2/3}\,\cos(\sqrt{6}\,t) - \sin(\sqrt{6}\,t),$
   $\phi_2(t) = \cos(\sqrt{6}\,t) + \sin(\sqrt{6}\,t),$

(b) $\phi_1(t) = \left(\sqrt{2/3}\,\cos(\sqrt{6}\,t) - \sin(\sqrt{6}\,t),\ \cos(\sqrt{6}\,t) + \sin(\sqrt{6}\,t)\right),$
   $\phi_2(t) = \left(\sqrt{2/3}\,\cos(\sqrt{6}\,t),\ \sin(\sqrt{6}\,t)\right)$

(c) $\phi_1(t) = \left(\sqrt{2/3}\,\cos(\sqrt{6}\,t),\ \sin(\sqrt{6}\,t)\right),$
   $\phi_2(t) = \left(\sin(\sqrt{6}\,t),\ -\cos(\sqrt{6}\,t)\right)$

Bestimmen Sie nun die Lösungen des inhomogenen Gleichungssystems

$$y' = \begin{pmatrix} 0 & 3 \\ -2 & 0 \end{pmatrix} y + \begin{pmatrix} 0 \\ t^2 \end{pmatrix}$$

Aufgabe 13.10 Wahr oder falsch?

$$\phi(t) = \begin{pmatrix} \frac{1}{2}t^2 - \frac{1}{6} \\ \frac{1}{3}t \end{pmatrix}$$

ist eine Lösung des inhomogenen Gleichungssystems.

Berechnen Sie speziell die Lösung zur Anfangsbedingung $y(0) = 0$, entweder, indem Sie die Integrationskonstanten in obiger Lösung ermitteln, oder, indem Sie direkt eingeben:

```
f1:=diff(y1(t),t)-3*y2(t);
f2:=diff(y2(t),t)+2*y1(t)-t^2;
dsolve({f1=0,f2=0,y1(0)=0,y2(0)=0},{y1(t),y2(t)});
```

Um in diesem Fall die Lösung als Funktion von t in MAPLE zu definieren, können Sie zum Beispiel folgenden Code verwenden:

```
loesliste:=
    dsolve({f1=0,f2=0,y1(0)=0,y2(0)=0},{y1(t),y2(t)});
loes[2]:=unapply(rhs(loesliste[1]),t);
loes[1]:=unapply(rhs(loesliste[2]),t);
```

Achten Sie bei der Benennung der Lösungsfunktion darauf, ob von
dsolve zunächst y2 oder y1 ausgegeben wird!

Aufgabe 13.11 Geben Sie die erste Ziffer der zweiten Komponente
y_2 der Lösung $y = (y_1, y_2)$ in $t = 10$ an.

Versuchen Sie nun, mithilfe von MAPLE folgendes Differentialgleichungssystem zu lösen:

```
F1:=diff(y1(t),t)-3*cos(t)^2*y2(t);
F2:=diff(y2(t),t)+sin(t)*y1(t)-y2(t);
loesliste:=dsolve({F1=0,F2=0},{y1(t),y2(t)});
```

Aufgabe 13.12 Findet MAPLE mithilfe von dsolve eine explizite
Lösung?

Aufgabe 13.13 Findet MAPLE eine explizite Lösung zur Anfangsbedingung $y(0) = 0$?

Es gibt mehrere Erweiterungen und Bibliotheken für MAPLE, die
das Lösen von Differentialgleichungen auch numerisch ermöglichen.
Diese Lösungsverfahren sind jedoch Gegenstand der Numerik, nicht
dieses Buches.

13.3 Differentialgleichungen höherer Ordnung

Wir betrachten nun lineare Differentialgleichungen höherer Ordnung. Eine homogene Differentialgleichung n-ter Ordnung ist eine Gleichung der Form

$$y^{(n)} + a_{n-1}(t)\, y^{(n-1)} + a_{n-2}(t)\, y^{(n-2)} + \ldots + a_1(t)y' + a_0(t)y = 0$$

mit stetigen Funktionen $a_i : I \to \mathbb{K}$ für $1 \leq i \leq n-1$ auf einem Intervall $I \subset \mathbb{K}$. Hierbei bezeichnet der Strich die Ableitung nach t und $y^{(n)}$ die n-fache Ableitung der Funktion y nach t. Eine inhomogene Differentialgleichung n-ter Ordnung ist eine Gleichung

$$y^{(n)} + a_{n-1}(t)\, y^{(n-1)} + a_{n-2}(t)\, y^{(n-2)} + \ldots + a_1(t)y' + a_0(t)y = b(t)$$

mit stetigen Funktionen $a_i : I \to \mathbb{K}$ für $1 \leq i \leq n-1$ und $b : I \to \mathbb{K}$ mit $b \neq 0$.

Erinnern Sie sich: Ein System $\phi_1(t), \phi_2(t), \ldots, \phi_n(t)$ von Lösungsfunktionen des homogenen Systems ist genau dann linear unabhängig, wenn für ein $t \in I$ (und somit für alle $t \in I$) die Wronski-Determinante

$$W(t) := \det \begin{pmatrix} \phi_1(t) & \phi_2(t) & \ldots & \phi_n(t) \\ \phi_1'(t) & \phi_2'(t) & \ldots & \phi_n'(t) \\ \vdots & \vdots & & \vdots \\ \phi_1^{(n-1)}(t) & \phi_2^{(n-1)}(t) & \ldots & \phi_n^{(n-1)}(t) \end{pmatrix}$$

nicht verschwindet. Als Beispiel betrachten Sie vier Lösungen der Gleichung $y^{(4)} = 0$, also vier Polynome vom Grad kleiner gleich drei und wenden die Befehle an:

```
W:=VectorCalculus[Wronskian]([t^3,t^2,t,1],t);
Determinant(W);
```

Aufgabe 13.14 Welche Polynome bilden ein Fundamentalsystem der Differentialgleichung $y^{(4)} = 0$?

(a) $t^3 + 1, t^3 - 1, t, 1$

(b) $t^3 + t^2, t^3 - t^2, t, 1$

(c) $-24t^3 + 37t^2 + 28t - 35, 86t^3 + 17t^2 + 61t - 60, -17t^3 + 9t^2 - 3t - 32, 16t^3 + 33t^2 + 36t + 27$

Betrachten Sie nun eine große Anzahl von jeweils vier Polynomen höchstens dritter Ordnung mit zufällig erzeugten Koeffizienten. Diese können Sie etwa mithilfe von RandomVektor(4) erzeugen. Überprüfen Sie, dass diese typischerweise ein Fundamentalsystem der Differentialgleichung $y^{(4)} = 0$ bilden.

Wir wollen noch eine etwas anspruchsvollere Differentialgleichung untersuchen, die Besselsche Differentialgleichung:

$$t^2 y^{(2)} + t y' + (t^2 - a^2)y = 0$$

für $a = \frac{1}{2}$. Geben Sie ein:

```
bessel:=t^2*diff(y(t),t$2)+t*diff(y(t),t)+(t^2-1/4)*y(t);
dsolve(bessel=0,y(t));
```

Überprüfen Sie nun mit Hilfe des Codes

```
f:=t->sin(t)/sqrt(t) + cos(t)/sqrt(t):
g:=t->sin(t)/sqrt(t) - cos(t)/sqrt(t):
F:=apply(f,t):
t^2*diff(diff(F,t),t)+t*diff(F,t)+(t^2-1/4)*F:
 combine(%);
G:=apply(g,t):
t^2*diff(diff(G,t),t)+t*diff(G,t)+(t^2-1/4)*G:
 combine(%);
W:=VectorCalculus[Wronskian]([f(t),g(t)],t):
LinearAlgebra[Determinant](W):
combine(%);
```

Funktionenpaare f, g daraufhin, ob Sie ein Fundamentalsystem bilden.

Aufgabe 13.15 Welche der folgenden Paare von Funktionen bilden ein Fundamentalsystem für die Besselsche Differentialgleichung mit $a = \frac{1}{2}$?

(a) $f(t) = \frac{\sin(t)}{\sqrt{t}}$ $g(t) = \frac{\cos(t)}{\sqrt{t}}$

(b) $f(t) = \frac{\sin(t)}{t}$ $g(t) = \frac{\cos(t)}{t}$

(c) $f(t) = \frac{\sin(t)}{\sqrt{t}} + \frac{\cos(t)}{\sqrt{t}}$ $g(t) = \frac{\cos(t)}{\sqrt{t}} - \frac{\sin(t)}{\sqrt{t}}$

13.4 Differentialgleichungen mit konstanten Koeffizienten

Ein wichtiges Hilfsmittel zur Lösung von Differentialgleichungen mit konstanten Koeffizienten ist die Exponentialfunktion von Matrizen. Sei A eine quadratische Matrix mit reellen oder komplexen Einträgen, d.h. $A \in M(n \times n, \mathbb{R})$. Dann definiert man die Exponentialfunktion über die folgende Reihe

$$\exp(tA) := \sum_{t=0}^{\infty} \frac{(tA)^n}{n!}.$$

Indem man eine beliebige Norm auf dem endlich-dimensionalen $\mathbb{R}$-Vektorraum $M(n \times n, \mathbb{R})$ zu Hilfe nimmt, sieht man, dass diese Reihe stets konvergiert.

Sei $B \in M(n \times n, \mathbb{R})$ nun eine invertierbare Matrix. Indem Sie die Reihe von links mit B^{-1} und von rechts mit B multiplizieren, können Sie einen Ausdruck für das Produkt $B^{-1}\exp(A)B$ herleiten. Überprüfen Sie Ihre Überlegung, indem Sie sich zufällige 2×2-Matrizen verschaffen und die MAPLE-Funktion `MatrixExponential` verwenden.

Aufgabe 13.16 Was gilt?

(a) $B^{-1}\exp(A)B = \exp(B^{-1}AB)$

(b) $B^{-1}\exp(A)B = \exp(B^{-1})\exp(A)\exp(B)$

Überprüfen Sie nun auch mit MAPLE die folgende Aussage an Beispielen:

Kommutieren zwei quadratische Matrizen A und B, d.h. gilt $AB - BA = 0$, so folgt

$$\exp(A)\exp(B) = \exp(A+B) = \exp(B)\exp(A) \ .$$

Verschaffen Sie sich mit MAPLE ein Beispiel, das zeigt, dass man die Bedingung, dass A und B kommutieren, nicht einfach fallen lassen kann: Finden Sie also ein Paar nicht-kommutierender 2×2-Matrizen, für die die Gleichheit verletzt ist.

Aufgabe 13.17 Gibt es ein Gegenbeispiel, in dem A und B Basismatrizen sind, also Matrizen, deren Einträge alle bis auf einen gleich null sind?

Verschaffen Sie sich nun mit dem folgenden MAPLE Code Jordan-Matrizen und experimentieren Sie.

```
A:= JordanBlockMatrix([[2,3],[3,2]]);
MatrixExponential(A,t);
Determinant(MatrixExponential(A,t));
exp(Trace(t.A));
```

Aufgabe 13.18 In welchen Fällen gilt die Gleichung

$$\det \exp(A) = \exp(\operatorname{tr} A)$$

(a) für alle quadratischen Matrizen
(b) nur für diagonalisierbare Matrizen.

Aufgabe 13.19 Sei nun A eine $n \times n$-Matrix mit nur einem Jordan-Block zum Eigenwert a. Welche Form erwarten Sie für die Matrix $\exp(tA)$?

(a) Dividiert man alle Matrixelemente durch den Faktor $\exp(ta)$, so treten nur Polynome in t vom Grad kleiner gleich $n-1$ auf.

(b) Dividiert man alle Matrixelemente durch den Faktor $\exp(ta)$, so treten Polynome in t vom Grad n und kleineren Grades auf.

(c) Die Matrix ist eine obere Dreiecksmatrix.

(d) Die Matrix kann auch eine strikte obere Dreiecksmatrix sein, d.h. für geschickte Wahl des Eigenwerts können alle Diagonaleinträge verschwinden.

Der Beweis der richtigen Aussage folgt leicht aus der Beobachtung, dass für eine Matrix A von Jordanscher Normalform die zugehörige Diagonalmatrix der Eigenwerte $D(A)$ und der nilpotente Anteil $A - D(A)$ kommutieren. So erhält man eine basisfreie Aussage.

Aufgabe 13.20 Wahr oder falsch? Für eine zufällig gewählte Matrix $A \in M(2 \times 2, \mathbb{C})$ haben die Matrixelemente von $\exp(tA)$ die Form

$$\sum_i p_i(t) \sin(a_i t) + \sum_j q_j(t) \cos(b_j t) + \sum_k r_k(t) \exp(c_k t),$$

wobei p_i, q_j, r_k typischerweise Polynome vom Grad größer gleich eins sind.

Wir betrachten nun ein System von linearen gewöhnlichen Differentialgleichungen erster Ordnung für n Funktionen, das durch eine konstante Matrix $A \in M(n \times n, \mathbb{C})$ gegeben ist:

$$y'(t) = Ay.$$

Für die Anfangsbedingung $y(0) = v$ wird es offenbar gelöst durch den Ausdruck

$$y(t) = \exp(tA)v$$

in den das Matrixexponential eingeht.

Aufgabe 13.21 Schreibt man die Anfangsbedingungen für einen von null verschiedenen Wert t_0 vor, $y(t_0) = v$, so muss der Ausdruck abgeändert werden. Was ist korrekt?

(a) $y(t) = \exp((t - t_0)A)v$
(b) $y(t) = \exp((t + t_0)A)v$

Sei nun das Minimalpolynom von A von der Form

$$\mu_A(X) = \prod_{i=1}^{r}(X - a_i)^{n_i}$$

mit paarweise verschiedenen Werten $a_i \in \mathbb{C}$. Machen Sie sich klar, dass dann die Komponenten jeder Lösung von $y' = Ay$ von der Form sind

$$y_j(t) = \sum_{k=1}^{r} p_{jk}(t)e^{a_k t}$$

mit Polynomen $p_{jk}(t)$.

Aufgabe 13.22 Was gilt für die Polynome? Prüfen Sie wieder Ihre Vermutungen an Beispielen!

(a) Der Grad von $p_{jk}(t)$ ist kleiner gleich $n_k - 1$.
(b) Der Grad von $p_{jk}(t)$ ist kleiner gleich $n_j - 1$.

Abschließend geben Sie sich noch eine Matrix in Jordanscher Normalform vor, etwa `A:= JordanBlockMatrix([[2,3]])`, und lösen die Differentialgleichung $y' = Ay$ für die Anfangswerte $v(0) = (1, 2, 3)$ einmal mithilfe von `dsolve` und einmal mithilfe von `MatrixExponential(A,t)`.

Aufgabe 13.23 Wahr oder falsch? Es gibt nennenswerte Unterschiede bei der Effizienz beider Verfahren.

14 Lösungen

14.1 Hinweise zu ausgewählten Aufgaben

Kapitel 1

1.10: Geben Sie den folgenden Code ein: `for i from 2 to 6 by 2 do i^2 od;` `i;`. **1.12**: Nein. **1.15**: (c). **1.29**: (a), (d). **1.37**: 8 **1.42**: Nein. Geben Sie ein: `y;` . **1.45**: Rekursive Definitionen sind oft numerisch aufwändiger.

Kapitel 2

2.1: Beachten Sie den MAPLE Code in Abschnitt 14.2. **2.2**: 18. **2.10**: Die Reihe, die exponentiell abfällt. **2.12**: Beachten Sie den MAPLE Code in Abschnitt 14.2. **2.11**: Die Reihe, die exponentiell abfällt. **2.14**: (a), (c), (d). Literaturhinweis: V.I. Arnold: Mathematische Methoden der klassischen Mechanik, Birkhäuser, 1988, Kapitel 3.5.5. **2.17**: Wahr.

Kapitel 3

3.25: im zweitenArgument. **3.39**: `nMalmPositiv:= (n,m)->` `seq(RandomMatrix(n,m) +Matrix(n,m,100),i=1..13);` **3.43**: (b), (c), (e). **3.45**: Falsch sind (b) und (f) **3.50**: Die $n \times n$-Matrizen bilden einen Vektorraum der Dimension n^2. Die (nicht-lineare) Bedingung $\det A = 0$ ist für Zufallsmatrizen mit gleichverteilten Einträgen nur in einer Untermenge vom Maß null erfüllt; betrachten Sie etwa den Fall $n = 1$ und $n = 2$. **3.52**: Nur die Nullmatrix hat Rang 0. **3.54**: 2. **3.63**: A ist über $\mathbb{Z}$ invertierbar genau dann, wenn $\det A$ ein multiplikatives Inverses in $\mathbb{Z}$ besitzt. $\det A$ besitzt ein multiplikatives Inverses modulo p genau dann, wenn p und $\det A \neq 0$ teilerfremd sind, was nur für endlich viele Primzahlen möglich ist.

Kapitel 4

4.1: Siehe Korollar in [Fischer, Kap 2.3.1]. **4.5**: (b) **4.10**: Sehen
Sie sich [Fischer, Kap 0.4.6] an. **4.12**: (c), (d) **4.22**: 1 **4.25**: Die
Berechnung von Determinanten ist numerisch sehr aufwändig.

Kapitel 5

5.1: Siehe F18 in F. Lorenz, Lineare Algebra I, Kapitel V, §4.
5.4: Wahr. Diese Aussage gilt allgemein für die formale Ableitung
von Polynomen über beliebigen Körpern. **5.6**: Nein. Gegenbeispiel:
die Eigenräume zum Eigenwert 1 der beiden ähnlichen Matrizen

$$\begin{pmatrix} 1 & 0 \\ 0 & -1 \end{pmatrix} \begin{pmatrix} 0 & 1 \\ 1 & 0 \end{pmatrix}$$

5.11: Wahr. **5.12**: Ja, sie sind $x(x-1)$ bzw. $x^2(1-x)$. **5.15**: Ja.
5.17: Nein, denn es gibt ein Paar zueinander konjugierter komplexer
Nullstellen des charakteristischen Polynoms. **5.18**: Ja, denn dann
sind auch die charakteristischen Polynome zufällig verteilt und haben
nur mit Wahrscheinlichkeit null zwei gleiche Nullstellen. **5.20**: Hilfe: Experimentieren Sie mit nicht-diagonalisierbaren Matrizen. Sie
können dafür z.B. eine Jordansche Normalform mit nicht-trivialen
Jordan-Blöcken verwenden, siehe Abschnitt 12.1. **5.24**: (a), (b)

Kapitel 6

6.2: (a). **6.3**: (b). **6.6**: (b). **6.8**: (a), (b), (c). **6.9**: Alle Aussagen
treffen zu. **6.10**: Alle Aussagen treffen zu.

Kapitel 7

7.5: $1/\pi$. **7.9**: (b). **7.14**: (a). **7.17**: Hat ein Polynom f mindestens n verschiedene Nullstellen $a_1, a_2 \ldots a_n$, so gilt bei der Zerlegung
in Linearfaktoren $f(x) = g(x)(x - a_1) \ldots (x - a_n)$, woraus folgt,
dass f mindestens Grad n haben muss. **7.23**: (c). **7.26**: Wahr.
7.27: Falsch; um ein Gegenbeispiel zu finden, betrachten Sie den
Fall, dass drei oder mehr vorgegebene Werte auf einer Geraden liegen. **7.32**: -2.

Kapitel 8

8.11: (b) **8.12**: Alle außer (c) **8.14**: (b), (c). Literaturhinweis: M. Barner und F. Flohr, Analysis I, de Gruyter 2000, §5.4. **8.15**: Literaturhinweis wie 8.14. **8.16**: Literaturhinweis wie 8.14. **8.17**: Wahr. Literaturhinweis: M. Barner und F. Flohr, Analysis I, de Gruyter 2000, §8.4. **8.22**: 1. **8.28**: Ja, wie die Exponentialreihe konvergiert diese Reihe gleichmäßig auf kompakten Untermengen von $\mathbb{R}$, aber nicht gleichmäßig auf ganz $\mathbb{R}$. **8.29**: Hinweis: Forster 1, §22, Abschnitt 2. **8.31**: -1.

Kapitel 9

9.1: (e) **9.2**: Nein, denn aus $SAS^t = E$ würde unter der Determinantenfunktion folgen $\det(S)^2 = \frac{1}{2}$. Der Matrizenring $M(2\times 2, \mathbb{Q})$ enhält aber keine Matrizen mit irrationaler Determinante. **9.4**: Hinweis zur Untersuchung von (a): Werten Sie die zugehörige Bilinearform auf Paaren von Einheitsvektoren aus. Für (b) untersuchen Sie symmetrische 2×2-Matrizen, deren Außerdiagonalelemente groß gegen die Diagonalelemente sind. **9.6**: F. Lorenz, Lineare Algebra II, Kapitel VII, §5, F9. **9.7**: (a), (d). **9.9**: (a), (c). **9.15**: (b), (c), (d), (e).

Kapitel 10

10.2: (a), (d). **10.5**: F. Lorenz, Lineare Algebra II, Kap. VIII, §2. **10.10**: (b). **10.14**: (c). **10.18**: (b). **10.19**: (a). **10.21**: Die Lösung $x = -1, y = 0$ wird für keinen Wert von ω erreicht. **10.22**: (c). **10.23**: (a). **10.26**: (b). **10.35**: (c). **10.38**: (d). **10.42**: (e), (f), (g).

Kapitel 11

11.4: v muss in dem Argument stehen, in dem das hermitesche Skalarprodukt linear (und nicht semi-linear) ist. **11.6**: Hinweis: Jede lineare Abhängigkeitsbeziehung liefert für die Koeffizienten jedes Monoms x^k eine Gleichung. Da die Polynome H_n und $\cdot H_m$ für $n \neq m$ unterschiedlichen Grad haben, hat das Gleichungssystem Dreiecksgestalt. **11.9**: -11. **11.17**: (a) ist falsch, (b) ist richtig. (c) und (d) sollten Sie sich selbst überlegen. **11.20**: Vergleichen Sie mit Aufgabe 11.9. **11.21**: Vergleichen Sie mit Aufgabe 11.4. **11.24**: Untersuchen Sie insbesondere den Fall $n = m$. **11.27**: Der Koeffizient a_0 hängt von der Funktion ab, die entwickelt wird.

Kapitel 12

12.2: Falsch. **12.4**: (b), (c), (d). **12.7**: (a), (b). **12.8**: Hinweis zu (b): Betrachten Sie $1+2X+X^2$. **12.15**: 3. **12.17**: (a), (b), (d). **12.18**: (b)

Kapitel 13

13.9: (b), (c). **13.11**: 3. **13.20**: Polynome vom Grad größer gleich eins treten nur beim Exponentieren nicht-diagonalisierbarer Matrizen auf. Vergleichen Sie nun mit Aufgabe 5.18. **13.22**: (a). **13.23**: Es gibt keine nennenswerten Unterschiede.

14.2 Maple-Codes

Abschnitt 2.1

Approximation von Quadratwurzeln:

```
folg:=proc(n,a,x0) local i;
  folg(0,a,x0):=(1/2)*(x0+a/x0);     # Initialisierung
   for i from 1 to n do              # Rekursion
       folg(i,a,x0)
         := (1/2)*(folg(i-1,a,x0)+a/folg(i-1,a,x0));
   od;
  folg(n,a,x0);     # Ausgabe des letzten Ergebnisses
 end;
```

Abschnitt 2.3

Benfords Gesetz:

```
with(ListTools):

anfangsziffer:= proc(z)
floor(z*10^(-floor(log10(z))))
end proc:

ErgebnisListe:=(N,b)->[seq(anfangsziffer(b^i),i=0..N)];

for z from 1 to 9 do
print('rel. Haeufigkeit von', z,
    convert(Occurrences(z,ErgebnisListe)/(N+1),float));
 od;
```

Abschnitt 5.2

Routine diagbar zur Überprüfung von Diagonalisierbarkeit:

```
diagbar:=proc(A) local mP;
  mP:=x->MinimalPolynomial(A,x);
  if gcd(mP(x),diff(mP(x),x))=1
     then print("diagonalisierbar")
     else print("nicht diagonalisierbar")
  fi;
 end ;
```

Abschnitt 7.3

Newton-Verfahren Newton3:

```
with(LinearAlgebra):with(plots):

Newton3:=proc(x0,y0,x1,y1,x2,y2)
               local A,  y, alpha, p;
 A:=Matrix([[1,0,0],[1,x1-x0,0],
            [1,x2-x0,(x2-x0)*(x2-x1)]]);
 y:=Vector([y0,y1,y2]);
 alpha:=LinearSolve(A,y);
 p:=x->alpha[1]+alpha[2]*(x-x0)+alpha[3]*(x-x0)*(x-x1);
 print(p(x));
 multiple( plot,
   [p(x), x = -1-max(abs(x0),abs(x1),abs(x2))
               .. max(abs(x0),abs(x1),abs(x2))+1] ,
   [[[x0,y0],[x1,y1],[x2,y2]], style=point]
   );
end;
```

Kurvendiskussion:

```
f:=x->a*x^4+b*x^3+c*x^2+d*x+e;
fd:=D(f);
fdd:=D(fd);
solve({f(1)=1,fd(1)=1,fdd(1)=0,fd(5)=0,fdd(5)=0},
      {a,b,c,d,e});

subs(%,f(x));

loesung:=x->1/128*x^4-3/32*x^3+15/64*x^2+25/32*x+9/128;

multiple(plot,[loesung(x),x=-1..7],
              [x,x=0..2,color=blue],   # Tangente in x=1
              [3,x=4..6,color=blue]);  # Tangente in x=5
```

Index

Galois-Theorie: Warum kompliziert, wenn's einfach geht.

Bewersdorff, Jörg
Algebra für Einsteiger
Von der Gleichungsauflösung zur Galois-Theorie
3. Aufl. 2007. ca. XX, 204 S. Br. ca. EUR 22,90

ISBN 978-3-8348-0095-4

Inhalt: Auflösungsformeln für Gleichungen dritten und vierten Grades - Fundamentalsatz der Algebra - Die Konstruktion regelmäßiger Vielecke aus algebraischer Sicht - Gleichungen fünften Grades - Galois-Theorie - einst und jetzt

Eine leichtverständliche Einführung in die Algebra, die den historischen und konkreten Aspekt in den Vordergrund rückt. Das Buch liefert eine gute Motivation für die moderne Galois-Theorie, die den Studierenden oft so abstrakt und schwer erscheint.

In der vorliegenden überarbeiteten 3. Auflage wurde jedes Kapitel um Übungsaufgaben, die zum Teil auch Lösungshilfen enthalten, ergänzt.

Abraham-Lincoln-Straße 46
65189 Wiesbaden
Fax 0611.7878-400
www.vieweg.de

Stand 1. Juni 2007. Änderungen vorbehalten.
Erhältlich im Buchhandel oder im Verlag.